Khaled Akrout

Parcours continus isotropes de manipulateurs sériels

Khaled Akrout

Parcours continus isotropes de manipulateurs sériels

Amélioration de la précision de l'exécution des
tâches par l'utilisation des parcours isotropes

Presses Académiques Francophones

Impressum / Mentions légales

Bibliografische Information der Deutschen Nationalbibliothek: Die Deutsche Nationalbibliothek verzeichnet diese Publikation in der Deutschen Nationalbibliografie; detaillierte bibliografische Daten sind im Internet über http://dnb.d-nb.de abrufbar.
Alle in diesem Buch genannten Marken und Produktnamen unterliegen warenzeichen-, marken- oder patentrechtlichem Schutz bzw. sind Warenzeichen oder eingetragene Warenzeichen der jeweiligen Inhaber. Die Wiedergabe von Marken, Produktnamen, Gebrauchsnamen, Handelsnamen, Warenbezeichnungen u.s.w. in diesem Werk berechtigt auch ohne besondere Kennzeichnung nicht zu der Annahme, dass solche Namen im Sinne der Warenzeichen- und Markenschutzgesetzgebung als frei zu betrachten wären und daher von jedermann benutzt werden dürften.

Information bibliographique publiée par la Deutsche Nationalbibliothek: La Deutsche Nationalbibliothek inscrit cette publication à la Deutsche Nationalbibliografie; des données bibliographiques détaillées sont disponibles sur internet à l'adresse http://dnb.d-nb.de.
Toutes marques et noms de produits mentionnés dans ce livre demeurent sous la protection des marques, des marques déposées et des brevets, et sont des marques ou des marques déposées de leurs détenteurs respectifs. L'utilisation des marques, noms de produits, noms communs, noms commerciaux, descriptions de produits, etc, même sans qu'ils soient mentionnés de façon particulière dans ce livre ne signifie en aucune façon que ces noms peuvent être utilisés sans restriction à l'égard de la législation pour la protection des marques et des marques déposées et pourraient donc être utilisés par quiconque.

Coverbild / Photo de couverture: www.ingimage.com

Verlag / Editeur:
Presses Académiques Francophones
ist ein Imprint der / est une marque déposée de
AV Akademikerverlag GmbH & Co. KG
Heinrich-Böcking-Str. 6-8, 66121 Saarbrücken, Deutschland / Allemagne
Email: info@presses-academiques.com

Herstellung: siehe letzte Seite /
Impression: voir la dernière page
ISBN: 978-3-8381-7435-8

UNIVERSITÉ DE MONTRÉAL

PARCOURS CONTINUS ISOTROPES ET SURFACES ISOTROPES DE MANIPULATEURS
SÉRIELS

KHALED AKROUT
DÉPARTEMENT DE GÉNIE MÉCANIQUE
ÉCOLE POLYTECHNIQUE DE MONTRÉAL

THÈSE PRÉSENTÉE EN VUE DE L'OBTENTION
DU DIPLÔME DE PHILOSOPHIÆ DOCTOR
(GÉNIE MÉCANIQUE)
AOÛT 2011

UNIVERSITÉ DE MONTRÉAL

ÉCOLE POLYTECHNIQUE DE MONTRÉAL

Cette thèse intitulée :

PARCOURS CONTINUS ISOTROPES ET SURFACES ISOTROPES DE MANIPULATEURS
SÉRIELS

présentée par : AKROUT Khaled

en vue de l'obtention du diplôme de : Philosophiæ Doctor

a été dûment acceptée par le jury d'examen constitué de :

M. TROCHU François, Ph.D., président

M. BARON Luc, Ph.D., membre et directeur de recherche

M. BALAZINSKI Marek, Ph.D., membre et codirecteur de recherche

M. BIRGLEN Lionel, Ph.D., membre

M. ANGELES Jorge, Ph.D., membre

À ma mère Zebeida,
à ma femme Perihan,
et à mes enfants
      Mohamed,
      Omar,
      Ismail,
  et Alexander

REMERCIEMENTS

Je voudrais d'abord remercier mon directeur de recherche le professeur Luc Baron pour son soutien pendant la période difficile que j'ai été contraint de traverser pendant la réalisation de ce travail de recherche, et encore récemment pour ses conseils pour l'amé- lioration du contenu et de la présentation de cette thèse. Plusieurs résultats nouveaux ont ainsi été obtenus.

Je remercie les professeurs Clément Fortin, René Mayer et François Trochu pour leur soutien et l'aide solide qu'ils m'ont apportés. Sans leur aide, ce travail n'aurait pas abouti.

Je souhaite aussi remercier mon codirecteur M. Marek Balazinski pour son soutien moral ainsi que l'apport qu'il a bien voulu me communiquer. Je sais que, dans des moments difficiles, sa bienveillance m'a accompagné.

Mes remerciements vont aussi à Mme Carole Fraser, Mme Josée Dugas et Mme Martine Bénard pour leur disponibilité et leur gentillesse.

J'exprime ma reconnaissance à Sofiane Achiche, mes collègues du laboratoire CAE, Xiaoyu Wang, Benoit Rousseau, ainsi que Mohamed Slamani et mon ami Abdelhak Nafi pour les expériences que nous avons vécues ensemble et dont certaines m'ont beaucoup apporté.

J'aimerais exprimer ma gratitude à mon épouse Perihan qui m'a encouragé tout au long de mon doctorat ainsi qu'à mon fils Alexander dont la joie et la candeur m'ont insufflé un courage déterminant dans les moments les plus difficiles. Un grand merci à mes enfants Mohamed, Omar et Ismail pour leur compréhension et leur soutien.

RÉSUMÉ

Cette thèse traite des manipulateurs sériels en tant que chaînes cinématiques ouvertes simples. Plus précisément ce sont les parcours continus sur lesquels de tels manipulateurs gardent constamment une configuration isotrope qui sont l'objet de l'étude. La capacité d'un manipulateur à orienter et à déplacer son effecteur est un point déterminant pour la réalisation de tâches. Plus cette capacité est grande, meilleure sera la possibilité de réalisation des travaux par le manipulateur. La capacité maximale est atteinte à des configurations dites isotropes. Jusqu'à récemment, les seules configurations isotropes atteignables par les manipulateurs étaient des configurations isolées, ou des configurations que nous qualifions de triviales, c'est-à-dire des configurations issues de la rotation de la première articulation. L'apport nouveau de ce travail de recherche est de prouver l'existence de parcours isotropes non triviaux. Ainsi, plusieurs manipulateurs peuvent effectuer des tâches sur des parcours non ponctuels ou non circulaires avec une dextérité accrue loin des singularités.

Des manipulateurs sériels ayant non seulement des parcours isotropes continus ont été déterminés, mais aussi des manipulateurs ayant des surfaces isotropes. Ces surfaces isotropes sont déterminées pour des manipulateurs sphériques et non sphériques. L'isotropie d'orientation et l'isotropie de position sont étudiées séparément, puis simultanément.

Les différentes définitions de la dextérité des manipulateurs proposées depuis plus de deux décennies trouvent aussi par ce travail l'occasion d'un nouvel éclairage à travers le concept des articulations virtuelles introduites dans les chapitres 4 et 5.

Le chapitre 2, qui fait suite à l'introduction et à la revue de littérature, traite du conditionnement et de l'isotropie. La plupart des résultats et exemples qui y sont exposés sont puisés dans la littérature et visent à montrer l'importance de ces notions qui sont utilisées comme fondement de ce travail de recherche.

Le chapitre 3 prouve un résultat important : la non-existence de parcours isotropes continus non triviaux pour les manipulateurs sphériques ayant moins de 6 articulations. Il a permis de simplifier le travail en focalisant la recherche sur les manipulateurs sphériques 6R, ce qui a permis d'obtenir les résultats du chapitre 4 qui prouvent l'existence de manipulateurs sphériques ayant des surfaces isotropes et même l'existence d'un manipulateur qui garde une configuration isotrope pour toute orientation de son effecteur.

Le chapitre 5 montre l'existence d'un manipulateur sériel 4R isotrope en position sur toute une sphère et compare la dextérité du manipulateur selon les critères basés sur le conditionnement de la matrice jacobienne et sur le déterminant du produit de celle-ci par sa transposée : une analogie très intéressante a alors été mise en évidence. Le découplage entre l'isotropie d'orientation et l'isotropie de position a été présenté à travers un manipulateur pouvant avoir des parcours continus au voisinage de l'isotropie en orientation et en même temps au voisinage de la singularité en position. Il semble aussi, contrairement aux premières impressions que l'isotropie de position est plus facile à obtenir que l'isotropie d'orientation pour un manipulateur sériel nR.

Dans cette thèse, de nombreux résultats sont nouveaux et ouvrent d'intéressantes perspectives sur des recherches futures comme des situations nouvelles proches de l'isotropie en orientation et en même temps proches de la singularité en position et inversement. La détermination des designs permettant certains parcours continus isotropes particuliers préalablement fixés peut aussi être envisagée.

Contributions

Ce travail a permis l'introduction des parcours continus isotropes et des surfaces isotropes. Des exemples de ces parcours et de ces surfaces ont été donnés pour des manipulateurs sphériques et non sphériques. Il a aussi permis de déterminer le nombre minimal d'articulations nécessaires pour l'obtention de parcours isotropes. Une méthode géométrique de résolution du système d'équations définissant les conditions d'isotropie a permis de déterminer la matrice jacobienne générale d'un manipulateur 5R sphérique et peut permettre la détermination de la matrice jacobienne générale d'un manipulateur 6R sphérique, ce que la résolution algébrique des mêmes systèmes ne permet pas. L'introduction de la notion d'articulation virtuelle a permis d'obtenir un moyen d'évaluation des différents index de dextérité et aussi d'avoir plus de précision par la possibilité de réaliser des calculs plus précis en utilisant des jacobiennes isotropes.

ABSTRACT

This thesis deals with serial manipulators as simple opened kinematics chains. These are more precisely the continuous paths, upon which such manipulators always keep an isotropic configuration, that are the subject of the study. The capacity of a manipulator to direct and move its effector is a decisive point in carrying out tasks. Bigger is this capacity better will be the possibility for the manipulator to carry out tasks. The maximal capacity is reached for isotropic configurations. Until recently, the only reachable isotropic configurations by manipulators were isolated configurations, or configurations that we call trivial which means they result from the rotation of the first joint. The contribution of this thesis is to prove the existence of non trivial isotropic paths. Thus, many manipulators can perform tasks on non punctual or non circular paths with an improved dexterity far from singularities.

Not only serials manipulators with contiunous isotropic paths have been found, but also manipulators with isotropic surfaces. These isotropic surfaces are determined for spherical and non spherical manipulators. The isotropy of orientation and isotropy of position are studied separately, then simultaneously.

Through the concept of virtual joints introduced in chapter 4 and 5, this work is also the opportunity to bring a new clarification on the various definitions of manipulators dexterity that have been proposed for more than two decades.

The chapter 2 which ensue from the introduction and related works deals with the conditioning and the isotropy. Most of the expounded results and examples are draged from related papers and aim at showing the importance of these notions which are used as a basis of this research.

The chapter 3 proves an important result: the non existence of non trivial continuous isotropic paths for spherical manipulators with less than 6 joints. It enabled to simplify the work by focusing the research study on spherical manipulators 6R, which enabled to obtain the results of chapter 4 that proves the existence of spherical manipulators having isotropic surfaces, and that even proves the existence of a manipulator which keep an isotropic configuration for all orientation of its effector.

The chapter 5 reveals the existence of an isotropic serial manipulator 4R in position on a sphere. It also compare the dexterity of a manipulator according to criterions based on the conditioning of the jacobian matrix and on the determinant of its product with its transpose: a very interesting analogy was then brought to light. The decoupling between the isotropy of orientation and position was presented through a manipulator being able to have continuous paths around the orientation isotropy and, at the same time, around the singularity in position. It also appears, in contrary to the first impressions, that the isotropy of position is easier to obtain that the isotropy of orientation in the case of a serial manipulator nR.

In this thesis, a lot of results are new and establish interesting prospects on future research study like new situations close to the isotropy in orientation and at the same time close to the singularity in position, and vice-versa. Determination of patterns allowing some specific isotropic continuous paths beforehand setted, can be also considered.

Contributions

This work let us introduce isotropic continuous paths and isotropic surfaces. Some examples of these paths and surfaces were given for spherical and non spherical manipulators. It also enabled to determine the minimum number of needed joints to get isotropic paths. A geometrical resolution of the equations system defining isotropic conditions enabled to determine the general jacobian matrix of a spherical manipulator 5R and can enable the determination of the general jacobian matrix of a spherical manipulator 6R, what an algebraic resolution of the same systems can not perform. The introduction of the virtual joint notion enabled to obtain an estimation mean of the various indexes of dexterity and also to have a better accuracy by performing more accurate calculation using isotropic jacobian matrices.

TABLE DES MATIÈRES

LISTE DES FIGURES

LISTE DES TABLEAUX

LISTE DES ANNEXES

CHAPITRE 1

INTRODUCTION

La robotique peut être définie comme des études et techniques tendant à concevoir des systèmes mécaniques, informatiques ou mixtes, capables de se substituer à l'homme dans ses fonctions motrices, sensorielles et intellectuelles [1].

Un manipulateur robotique est un système mécanique polyarticulé mis en mouvement par des moteurs contrôlés par un système de commande. Selon les commandes passées aux moteurs des articulations, des tâches nombreuses et variées peuvent être effectuées par le manipulateur. La conception des robots est fonction des mécanismes utilisés, le nombre de degré de liberté ou le type d'articulations utilisées. De ces différents paramètres dépend la complexité de la cinématique du manipulateur.

Les manipulateurs robotiques peuvent être représentés par des chaînes cinématiques de corps rigides reliées entre elles par des articulations. Le rôle des articulations, actionnées ou non par des moteurs, est d'amener l'effecteur ou organe terminal à une position et une orientation données, à des vitesses et des accélérations données. Les actionneurs peuvent être de type électrique, pneumatique ou hydraulique. Des capteurs peuvent aussi être incorporés au manipulateur pour lui permettre d'interagir avec son environnement. Le système de commande récupère alors les informations fournies par les capteurs pour mieux affiner les ordres donnés aux actionneurs, ce qui améliore la précision du positionnement et de l'orientation de l'effecteur. Plusieurs sortes de capteurs sont utilisées en robotique : capteurs de position, capteurs de vitesse ou d'accélération articulaires, etc.

1.1 Degré de liberté, liaison et mécanisme

Le nombre de degrés de liberté (ddl) d'un mécanisme est le nombre de paramètres indépendants qui permettent de définir les configurations du mécanisme. Pour une articulation liant 2 corps rigides, le nombre de ddl de l'un par rapport à l'autre, est fonction du genre d'articulation. Lorsque ce nombre est égal à 1, ce qui est fréquemment le cas en robotique, l'articulation est dite simple : soit rotoïde, soit prismatique, soit helicoïdal. Le ddl des liaisons cinématiques inférieures est inférieur ou égal à 3.

La pose d'un solide dans l'espace requiert six paramètres indépendants (6 ddl) :
- 3 paramètres indépendants définissent la position d'un point du solide, noté P dans le repère fixe,
- 3 paramètres indépendants définissent l'orientation du solide autour du point P.
En pratique, les manipulateurs sont souvent dotés de 6 ddl, i.e, six articulations motorisées, ce qui permet de spécifier n'importe quelle pose, position et orientation, de leur effecteur.

Une articulation complexe avec un nombre de ddl supérieur à 1 peut toujours se ramener à une combinaison d'articulations rotoïde, prismatique ou helicoïdal. Par exemple, une rotule ou articulation sphérique peut être obtenue avec trois articulations rotoïdes dont les axes sont concourants. Une liaison entre deux solides limite le nombre de ddl d'un solide par rapport à l'autre. On appelle le nombre de ddl de la liaison le nombre de paramètres indépendants permettant de définir la localisation (position et orientation) de l'un par rapport à l'autre dans tout déplacement compatible avec la liaison.
- un cube sur un plan a 3 ddl : 2 ddl pour fixer les coordonnées d'un point dans le plan et un ddl pour déterminer son orientation dans le plan.
- une sphère sur un plan a 5 ddl : 2 ddl pour fixer les coordonnées d'un point dans le plan et 3 ddl pour déterminer son orientation dans le plan.
Une chaîne cinématique est un ensemble de corps rigides reliés par des liaisons cinématiques

qui imposent un mouvement relatif de l'un par rapport à l'autre. Il existe deux types de liaisons cinématiques : les liaisons cinématiques inférieures et les liaisons cinématiques supérieures. Dans une liaison cinématique inférieure, le contact entre les 2 corps rigides reliés se fait sur toute une surface. Les 6 liaisons cinématiques inférieures : cylindrique, hélicoïdale, planaire, prismatique, rotoïde et sphérique, ont respectivement 2, 1, 3, 1, 1 et 3 degrés de liberté. Dans une liaison cinématique supérieure, le contact se fait sur un segment ou un point, par exemple dans un roulement, un galet ou une came.

La structure RRR dont les trois axes sont concourants forme une articulation sphérique et s'utilise généralement comme un poignet. Le robot ainsi obtenu, en lui associant un porteur à 3 ddl, est en robotique une structure classique à 6 ddl. Elle permet d'assurer un découplage entre la position et l'orientation de l'effecteur.

Un mécanisme est un système de corps conçu afin de convertir des mouvements de, et des forces sur, un ou plusieurs corps en mouvements contraints de, et des forces sur, d'autres corps [3].

Le degré de connectivité d'un corps rigide est le nombre de corps rigides qui lui sont reliés à travers les liaisons cinématiques. On distingue deux types de mécanismes :
- les mécanismes en chaîne simple ouverte (ou en série): lorsqu'on parcourt ce mécanisme, on ne repasse jamais sur la même liaison ou le même solide. Ce genre de mécanisme est le plus répandu. Le degré de connectivité de toutes les liaisons composant un mécanisme en chaîne simple est égal ou inférieur à 2.
- les mécanismes en chaîne complexe : tout ce qui n'est pas en chaîne simple. De tels systèmes se subdivisent en deux groupes : Les chaînes structurées en arbre et les chaînes fermées. Ces dernières ont a priori l'avantage d'être plus rigides, plus précises, capables de manipuler de lourdes charges. Le degré de connectivité d'au moins une des liaisons composant un mécanisme en chaîne complexe est supérieur à 2.
Une chaîne simple peut être ouverte ou fermée. Une chaîne simple est dite fermée si chaque membrure est liée à deux autres membrures. Elle est dite ouverte si elle contient exactement deux

membrures, dont la dernière, liées à seulement une seule membrure. Dans les chaînes ouvertes, la première membrure est appelée la base tandis que la dernière est appelée effecteur.

Dans la suite, nous considérerons uniquement les manipulateurs en chaîne simple ouverte.

1.2   Définitions et terminologie

La pose de l'effecteur est l'orientation et la position du repère lié à la dernière membrure du manipulateur dans l'espace cartésien lié au repère de la base du manipulateur.

La configuration d'un manipulateur est sa géométrie dans l'espace à un instant donné.

L'architecture d'un manipulateur est la chaîne cinématique de membrures rigides qui le composent, et qui sont assemblées par des articulations permettant leur mouvement relatif. Le design cinématique d'un manipulateur est la détermination de son architecture.

L'espace articulaire d'un manipulateur est l'espace des variables articulaires. Sa dimension est le ddl du manipulateur.

Le volume de travail est l'ensemble des points pouvant être atteints par le point d'opération de l'effecteur. L'espace de travail d'un manipulateur est l'ensemble des poses pouvant être atteintes par l'effecteur.

L'espace de tâche T d'un manipulateur est l'ensemble des poses atteintes par l'effecteur pour réaliser une tâche déterminée. L'espace de tâche T d'un manipulateur est un sous-espace de l'espace de travail W du manipulateur.

L'espace opérationnel O d'un manipulateur est l'espace dans lequel est représentée la pose de l'effecteur. La dimension de l'espace de tâche d'un manipulateur est inférieure ou égale à la dimension de son espace de travail qui est inférieure ou égale à la dimension de son espace articulaire.

Une configuration singulière d'un manipulateur est une configuration qui entraîne une réduction de la mobilité de l'effecteur, c'est-à-dire la perte par le manipulateur sériel d'un ou plusieurs degrés de liberté.

Le modèle géométrique est le système d'équations qui permet de passer de l'espace articulaire à l'espace de travail et inversement dans la détermination des variables articulaires ou cartésiennes. Le modèle cinématique est le système d'équations qui permet de passer des vitesses des coordonnes oprationnelles aux vitesses articulaires et inversement. Le modèle dynamique est le système d'équations qui permet d'exprimer le mouvement du robot permettant d'établir les relations entre les forces exercées par les actionneurs (couples) et l'état des variables articulaires.

Pour une tâche spécifique, le mouvement de l'effecteur peut décrire tout l'espace opéra-tionnel ou seulement un sous-espace T de W appelé espace de tâche. En notant $\dim(T)$ la dimension de l'espace de tâche, $\dim(A)$ la dimension de l'espace articulaire et $\dim(W)$ la dimension de l'espace d travail, on doit naturellement avoir $\dim(T) \leq \dim(W)$ sinon la tâche ne peut être réalisée par le manipulateur. Pour une tâche spécifique, un manipulateur sériel est dit cinématiquement redondant si $\dim(T) < \dim(A)$. On a bien sûr $dim(T) \leq 6$. Le degré de redondance cinématique du couple tâche-manipulateur est égal à $\dim(A) - \dim(T)$. Dans un système ayant un degré de redondance cinématique non nul, il est possible de changer la configuration du système sans changer la pose de l'effecteur. Le bras de l'être humain est un exemple typique de manipulateur redondant ayant plus de 6 degrés de liberté. Si l'épaule et la pose de la main sont fixées, le bras peut se mouvoir grâce à la mobilité additionnelle associée au degré de liberté redondant. On peut alors éventuellement éviter des obstacles dans l'espace de travail. En outre, si une articulation du manipulateur redondant atteint ses limites, il peut y avoir d'autres articulations qui permettent l'exécution du même mouvement de l'effecteur.

Un manipulateur sériel ayant n articulations, rotoïdes ou prismatiques, possède n variables articulaires que l'on peut regrouper dans un vecteur θ de dimension n et $3n$ paramètres qui définissent l'architecture du manipulateur. Le vecteur θ définit la posture du manipulateur.

La notation de Denavit-Hartenberg (DH) permet une définition précise de l'architecture d'un manipulateur par les paramètres de DH. La notation de DH est présentée de manière détaillée dans

[2].

1.3 Fondement de ce projet de recherche

Le positionnement et l'assemblage de haute précision, ainsi que le micro-usinage, requièrent des manipulateurs performants. Ces manipulateurs doivent présenter une bonne répétabilité et une bonne précision de positionnement et d'orientation sur plusieurs degrés de liberté. Afin d'atteindre des temps de cycle réduits aussi bien qu'une bonne robustesse vis-à-vis des perturbations extérieures, des performances cinématiques et dynamiques élevées sont recherchées. Dans ce but, ce travail traite de la conception de manipulateurs robotiques ayant des parcours isotropes continus capables d'atteindre des exécutions et des répétabilités de positionnement de précision.

Chez l'être humain, la facilité, le confort et l'aisance de mouvement dans des tâches de précision peuvent être des notions que l'on peut chercher à étendre aux performances des dispositifs mécaniques. Par exemple, dans les membres de l'être humain, Léonard de Vinci a montré que le rapport de la longueur de l'avant-bras par celle du bras est autour de $\sqrt{2}/2$ quelque soit la taille de l'individu. Lorsque nous exécutons des manoeuvres qui requièrent une grande dextérité, ou que nous cherchons des positions confortables, l'angle entre le bras et l'avant-bras tend à être entre $30°$ et $60°$. Il a été démontré dans [6] que pour un manipulateur planaire 2R, comme le bras et l'avant-bras d'un individu, en termes d'optimalité du conditionnement de la matrice jacobienne, le rapport des longueurs des liens est de $\sqrt{2}/2$ et la valeur de l'angle $\theta_2 = 45°$ est précisément le milieu entre $30°$ et $60°$.

Une autre analogie est la forme du serpent Cobra dans sa position d'attaque. Cette position est celle qui lui offre le plus de dextérité et d'aisance pour attaquer et se défendre. Un manipulateur sériel ayant un nombre de liens comparable au nombre de vertèbres du cobra aurait une configuration isotrope dans la forme du cobra en position d'attaque [5].

Interprétation géométrique de l'isotropie

Comme nous le verrons dans l'étude du conditionnement des matrices lors de la résolution d'un système linéaire $Ax = b$ au chapitre 2, selon le conditionnement de A et l'orientation du vecteur b, la distorsion de la solution x peut être plus ou moins importante. Par contre, si A est isotrope aucune distorsion ne se produit, A transforme alors une sphère en une autre sphère de rayon plus ou moins grand. On le constate en appliquant la décomposition polaire [7] à une matrice A quelconque. La matrice A peut alors s'écrire

$$A \equiv RU \equiv VR \qquad (1.1)$$

où R est une matrice orthogonale et U et V des matrices définies non négatives. Transformons par A le vecteur x

$$z = Ax \quad \text{et} \quad y = Ux \qquad (1.2)$$

ainsi U transforme x en y et R transforme y en z. La matrice U transforme une sphère en une ellipsoïde dont les demi-axes ont pour longueurs les valeurs propres de U. Tandis que R ne déforme pas l'objet qu'elle transforme, car R est orthogonal, l'image de l'ellipse par R sera une autre ellipse ayant simplement une orientation différente comme montrée sur la figure 1.1. Ainsi, si A est isotrope, toutes ses valeurs singulières sont identiques, elle transforme alors une sphère en une autre sphère de rayon plus ou moins grand. La figure 1.1 montre la distorsion du cercle transformé en ellipse lorsque A n'est pas isotrope.

Dans ce travail, l'accent est mis sur l'étude des manipulateurs rotoïdes sériels. Cette recherche est axée principalement sur l'étude de l'isotropie cinématique de ces derniers. Il existe cependant plusieurs genres d'isotropie cinématique : l'isotropie d'orientation, l'isotropie de position et l'isotropie globale. L'isotropie globale étant ici l'isotropie d'orientation et l'isotropie de position en même temps.

Plusieurs propriétés cinématiques d'un manipulateur sont améliorées lorsqu'il se trouve dans une

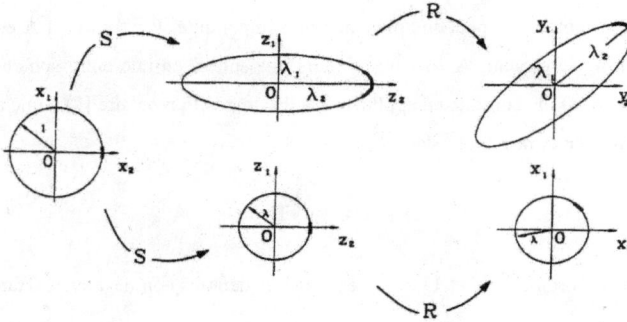

Figure 1.1 Interprétation géométrique de l'isotropie [5]

configuration isotrope. Elles permettent l'obtention d'une plus grande précision, et une meilleure complexité en temps, dans la résolution des équations cinématiques et des systèmes où intervient la matrice jacobienne isotrope associée qui est une matrice $6 \times n$ pour un manipulateur sériel ayant n articulations.

Plusieurs manipulateurs ont des configurations isotropes en position ou en orientation. De chacune de ces configurations, nous pouvons déduire par simple rotation autour de la première articulation un arc de cercle trivial de postures isotropes. Hormis les manipulateurs sériels présentés dans cette thèse, les autres manipulateurs sériels nR sont isotropes uniquement pour une configuration fixe de leur effecteur. Parmi les plus élaborés, le manipulateur isotrope redondant Rediestro [8], conçu à McGill, ne possède lui aussi que des configurations isotropes fixes. Les courbes continues non triviales de configurations isotropes de manipulateurs dont le point d'opération de l'effecteur parcourt une courbe continue dans des poses différentes sont naturellement beaucoup plus intéressantes. Le but de cette recherche est de déterminer de telles courbes, comme parcours de tâche, pour des manipulateurs dont le design pourrait alors être fonction de ces parcours isotropes continus en adéquation avec les tâches à accomplir. Ces manipulateurs effectueront alors les tâches voulues tout en gardant constamment une configuration isotrope : ils auront alors une dextérité maximale. Cet état constant d'isotropie permettra une plus grande précision, puisque $\mathbf{t} = \mathbf{J}\dot{\boldsymbol{\theta}}$ implique $\dot{\boldsymbol{\theta}} = \mathbf{J}^\dagger \mathbf{t}$, ce qui permet d'avoir $\triangle\boldsymbol{\theta} = (1/\sigma^2)\mathbf{J}^T \triangle \mathbf{t}$, où σ est la valeur singulière commune de $\mathbf{J}$, sans perte de précision dans le calcul de $\mathbf{J}^\dagger$ inverse génŕalisée de $\mathbf{J}$, ainsi qu'un gain appréciable en réduction de complexité de calcul dans les exécutions, sans oublier l'absence totale d'amplification des erreurs lors de la résolution de systèmes faisant intervenir la matrice jacobienne.

<u>Définition 1</u> : Soit M un manipulateur sériel ayant $\mathbf{J}$ pour matrice jacobienne, et soit A son espace articulaire. Un parcours isotrope continu pour M dans A est une fonction vectorielle $\boldsymbol{\theta}$ d'un connexe I $\subseteq \mathbb{R}$ dans A telle que
1) $\boldsymbol{\theta}$ est continue sur I
2) $\mathbf{J}(\boldsymbol{\theta}(t))$ est isotrope $\forall t \in$ I

L'image de $\{\boldsymbol{\theta}(t) \mid t \in \mathrm{I}\}$ par la transformation géométrique directe est le parcours isotrope continu dans l'espace opérationnel associé au parcours isotrope continu $\boldsymbol{\theta}$ de l'espace articulaire. On parlera alors, selon le cas, de parcours isotrope continu dans l'espace articulaire, ou de parcours isotrope continu dans l'espace opérationnel dans lequel sont définies les postures du manipulateur, c'est-à-dire la position et l'orientation de son effecteur. Comme, pour un corps rigide, trois coordonnées suffisent à définir la position dans l'espace et trois angles suffisent à définir l'orientation dans l'espace, la dimension de l'espace opérationnel est 6. Mais, l'espace de tâche qui est l'espace dans lequel s'effectue la tâche peut être de dimension inférieure ou égale à 6.

Pour un manipulateur sphérique, un parcours du point d'opération de l'effecteur sur la sphère unitaire de $\mathbf{R}^4$ correspond à une succession d'orientations de l'axe de la dernière articulation, étant donné qu'à chaque point de la sphère unitaire de $\mathbf{R}^4$ correspondant une orientation de cet axe. On peut donc faire une correspondance entre une courbe sur la sphère et un ensemble d'orientations de l'axe de la dernière articulation. À chaque point de la sphère correspondant une orientation et une seule de l'axe de la dernière articulation, et inversement à chaque orientation de l'axe de la dernière articulation correspondant un point et un seul de la sphère. Deux variables suffisent alors à définir l'orientation de l'axe de la dernière articulation. Cet ensemble de couple d'angles (θ, ϕ) est un parcours continu de l'espace articulaire du manipulateur sphérique à condition que cet ensemble soit connexe. La rotation autour de l'axe de la dernière articulation fournit alors un troisième angle ψ qui permet d'obtenir toutes les orientations possibles d'un corps dans l'espace. Cependant, quelque soit la valeur de ψ le manipulateur reste dans une configuration isotrope s'il peut l'être pour une valeur quelconque de l'angle ψ.

Définition 2 : Pour un manipulateur ayant $\mathbf{J}$ pour matrice jacobienne et A pour espace articulaire, un parcours isotrope continu $\boldsymbol{\theta}(t) = [\theta_1(t),\ \theta_2(t),\ \ldots,\theta_n(t)]^T$ d'un connexe I $\subseteq \mathbb{R}$ dans A est dit trivial si pour une valeur fixe donnée $s \in$ I,
$\mathbf{J}((\theta_1(s),\ \theta_2(s),\ \ldots,\ \theta_{n-1}(s),\ \theta_n(t))^T)$ est isotrope $\forall t \in$ I. Le parcours isotrope continu de l'espace opérationnel obtenu par la cinématique directe est aussi dit trivial.

Contrairement à l'isotropie en orientation, pour l'isotropie de positionnement, la variation de l'angle θ_n influe sur la propriété d'isotropie. De ce fait en général, il n'existera pas de parcours isotrope trivial, dans l'espace articulaire ou dans l'espace opérationnel, obtenu par la variation de l'angle de la dernière articulation c'est-à-dire par la rotation de l'effecteur autour de l'axe de la dernière articulation.

Définition 3 : Une articulation d'un manipulateur sériel est dite virtuelle sur un parcours si sa variable articulaire demeure constante sur ce parcours.

Définition 4 : Soit M un manipulateur sériel ayant une ou plusieurs articulations virtuelles sur un parcours donné. Le manipulateur sériel M', obtenu en retirant au manipulateur M une ou plusieurs de ses articulations virtuelles, est dit équivalent au manipulateur M sur ce parcours. On dira que les manipulateurs M et M' sont équivalents sur ce parcours.

<u>Définition 5</u> : Soit M un manipulateur sériel ayant $\mathbf{J}$ pour matrice jacobienne, et soit A son espace articulaire. Une surface isotrope pour M dans A est une fonction vectorielle $\boldsymbol{\theta}$ d'un connexe $I \subseteq \mathbb{R} \times \mathbb{R}$ dans A telle que
1) $\boldsymbol{\theta}$ est continue sur I
2) $\mathbf{J}(\boldsymbol{\theta}(t))$ est isotrope $\forall (s,t) \in I$

Dans la suite, nous parlerons indifféremment de parcours continu isotrope ou de courbe continue isotrope.

Les courbes isotropes non triviales permettent alors d'avoir dans l'espace opérationnel toute une surface isotrope puisqu'il suffit de faire tourner cette courbe non triviale autour de la première articulation pour obtenir une surface. Le point d'opération de l'effecteur du manipulateur peut alors parcourir toute la surface dans l'espace opérationnel pendant que le manipulateur reste constamment dans une configuration isotrope. On comprend ainsi l'avantage de rechercher des courbes isotropes non triviales.

1.4 Revue de littérature

1.4.1 Indices de performance cinématique

La dextérité est devenue l'une des caractéristiques les plus importantes des manipulateurs. Plusieurs critères ont été définis dans les dernières décennies pour quantifier et mesurer la dextérité d'un manipulateur, c'est-à-dire sa capacité et son aisance à déplacer et à orienter son effecteur localement dans une configuration particulière ou globalement sur son espace de travail. Ces critères ont été proposés comme des mesures de performance pour la précision des manipulations de l'effecteur. D'une manière générale, la dextérité cinématique du manipulateur a été typiquement rattachée au conditionnement de sa matrice jacobienne. En effet, la matrice jacobienne qui constitue le lien entre l'espace opérationnel et l'espace articulaire, amplifiera plus ou moins fortement les distorsions selon son conditionnement, et fournira une indication sur la capacité de précision du manipulateur. Lorsque le conditionnement est optimal, le manipulateur se trouve alors dans une configuration isotrope et dans celle-ci il démontre des propriétés cinématiques élevées. Les critères définis sont ainsi différentes mesures à l'éloignement du manipulateur de l'isotropie.

L'une des premières mesures de performance a été introduite par Yoshikawa dans [9]. C'est un indice qui utilise le déterminant du produit de la jacobienne par sa transposée et non le conditionnement de la jacobienne. Il a été nommé indice de manipulabilité et défini par $W = \sqrt{det(\mathbf{J}\mathbf{J}^T)}$. Lorsque la jacobienne est de plein rang, $W = \sigma_1\sigma_2 \cdots \sigma_n$, le produit des valeurs singulières de $\mathbf{J}$. L'utilisation de cet indice de manipulabilité W a été appliquée à un manipulateur 2R planaire par Yoshikawa, dans ce cas, la manipulabilité optimale est obtenue pour un rapport des longueurs des membrures égales à 1 et l'angle $\theta_2 = \pm\pi/2$. Ces résultats ne concordent pas avec ceux obtenus en utilisant d'autres indices comme le conditionnement de la jacobienne.

Le conditionnement de la matrice jacobienne $\kappa(\mathbf{J})$ a été introduit par Salisbury et Craig dans [6] comme mesure de la performance cinématique des manipulateurs et pour parvenir à obtenir l'isotropie de ceux-ci. Les auteurs l'ont ensuite appliqué à un manipulateur 2R planaire, ils ont alors obtenu un rapport des longueurs des membrures égal à $\sqrt{2}/2$ et la valeur de l'angle $\theta_2 = \pm 3\pi/4$.

Un indice de mesure de performance est présenté dans [10], le Global Conditionning Index (CGI). Il est aussi basé sur le conditionnement de la jacobienne. Cet index cherche à représenter la distribution du conditionnement sur l'ensemble de l'espace de travail. Il est défini ainsi

$$CGI \equiv \frac{\int_W (\frac{1}{\kappa}) dw}{\int_W dw}$$

Contrairement à d'autres indices, le CGI est un indice global. L'application de cet indice au cas d'un manipulateur planaire 2R permet de retrouver les résultats de [6]. Dans [10], l'application du CGI a aussi été faite sur un manipulateur parallèle. Cet indice est aisément applicable sur des cas de manipulateurs simples, pour des manipulateurs à architecture complexe, l'emploi de méthodes numériques devient nécessaire.

L'isotropie de position et l'isotropie d'orientation sont examinées par Klein et Miklos dans [11] qui définit l'isotropie spatiale comme le reflet de la capacité du manipulateur à positionner et à orienter simultanément et indépendamment l'effecteur. Pour la précision des manipulations à un point donné de l'espace de travail, l'isotropie spatiale du manipulateur est, selon les auteurs, la première caractéristique concernée.

Plusieurs indices de dextérité proposés dans la littérature sont présentés par Klein et Blaho dans [12] : le déterminant pour les manipulateurs non redondants [13], la manipulabilité pour les matrices jacobiennes rectangulaires [9], la décomposition en valeurs singulières des jacobiennes de plein rang carrées ou rectangulaires, le conditionnement de la jacobienne pour son estimation de la précision ou l'amplification des distorsions, exprimé dans la norme 2. Le changement prononcé de la valeur singulière minimale au voisinage d'une singularité suggère de prendre celle-ci comme mesure locale de la dextérité. Klein et Blaho, dans [12], ne peuvent conclure quant à la supériorité d'une mesure par rapport à une autre. Cependant, il y est montré qu'entre le déterminant et le conditionnement d'une jacobienne, si une configuration est optimale pour l'un, elle aura une valeur raisonnable pour l'autre.

Une théorie pour l'optimisation de la dextérité des manipulateurs a été développée par Park et Brockett [14]. Une formulation de la dextérité et du volume de l'espace de travail indépendante des coordonnées de représentation a été donnée. Une approche nouvelle et originale est présentée par la relation qualitative entre la dextérité et l'espace de travail. Cependant, l'utilisation de notions particulières comme celle de variétés riemanniennes et leur présentation succincte dans l'article demande une spécialisation avancée pour pénétrer cet article qui semble énoncer des résultats importants pouvant être mis à profit.

Une nouvelle mesure du conditionnement pour les manipulateurs sériels a été formulée par Ranjbaran et Angeles dans [15]. Cette mesure appelée, par les auteurs, conditionnement de la disposition (layout conditionning) est fournie comme mesure de la dextérité. La longueur de la disposition (layout lenght) définie comme la valeur des moindres carrés des distances des axes des articulations au centre de la disposition (layout center), est utilisée comme longueur caractéristique pour homogénéiser la matrice jacobienne. Le conditionnement de la disposition

$$\kappa_L \equiv \sqrt{\frac{tr^m(\overline{\mathbf{J}}\,\overline{\mathbf{J}}^T)}{m^m det(\overline{\mathbf{J}}\,\overline{\mathbf{J}}^T)}}$$

où m est le nombre de rangées de la jacobienne normalisée $\overline{\mathbf{J}}$. La publication prouve l'inégalité $\kappa_{\overline{F}} \leq \kappa_L \leq \kappa_2^m$, le conditionnement de la disposition est ainsi borné par le conditionnement selon la norme de Frobenius normalisée et le conditionnement selon la norme 2. Cette mesure de la dextérité nous semble, jusqu'à présent, la mesure la plus appropriée et la plus évoluée pour la détermination de la dextérité des manipulateurs.

L'effet de la position des actionneurs sur la dextérité des manipulateurs a été étudié par Maton et Roth dans [16], ils ont prouvé qu'il est plus avantageux du point de vue de la performance cinématique d'un manipulateur de placer le plus d'actionneurs le plus près possible de la base plutôt que sur les membrures.

L'Index Global d'Isotropie (IGI), défini par Stoco, Salcudean et Sassani dans [17], a été utilisé comme critère de performance. L'utilisation du GII comme mesure de la dextérité mène à un problème d'optimisation minimax. Le IGI est un indice global qui est calculé dans tout l'espace de travail W, et varie entre 0 et 1 correspondant respectivement aux configurations singulières et isotropes.

La détermination de toutes configurations isotropes possibles d'un manipulateur 4R sphérique a été réalisée par Chablat et Angeles dans [18], les auteurs ont montré qu'il existe en tout 32 configurations isotropes possibles pour un manipulateur 4R sphérique, et que ces 32 configurations résultent de 8 configurations de base. Mais aucune étude de l'évolution de la dextérité lors du passage d'une configuration isotrope à une autre n'a été faite. Les manipulateurs nR sphériques ne peuvent avoir qu'un nombre fini de configurations isotropes lorsque $n < 6$. Ce résultat a été prouvé dans le chapitre 3, mais dans ce cas aussi aucune étude de la dextérité n'a été réalisée.

Les différents indices pour la mesure de la performance des manipulateurs ont fait intervenir dans leur définition, soit le déterminant de la jacobienne par sa transposée, soit le conditionnement de celle-ci, soit les deux [15], [17], [19]. Pour les manipulateurs non redondants à 6 articulations, un nouvel index local de mesure de dextérité a été introduit comme le produit de la manipulabilité et du conditionnement de la jacobienne [20]. Les auteurs ont prouvé que ce nouvel indice local est indépendant du déterminant de la jacobienne. Leur indice global de dextérité a été défini comme la somme de l'indice local sur tout l'espace de travail du manipulateur. En considérant la dextérité à partir de ce nouvel indice, les manipulateurs sphériques obtiennent une valeur de performance globale élevée.

S'appuyant sur une précédente publication Mayorga, Carrera et Oritz dans [19] et Mayorca et Carrera dans [21] ont défini un indice de performance cinématique basé sur le taux de variation des conditions d'isotropie. Cet indice est défini par eux comme la somme des normes des variations de la matrice jacobienne dans le temps. Cette moyenne des variations de la jacobienne serait pour eux plus significative que la valeur prise localement ou globalement par celle-ci. La validation de leur critère a été faite sur un manipulateur planaire et comparé au critère de manipulabilité défini par Yoshikawa dans [9] : $W = \sqrt{det(\mathbf{J}(\theta)\mathbf{J}^T(\theta))} = \sigma_1(\theta)\sigma_2(\theta)\cdots\sigma_n(\theta)$, où les $\sigma_i(\theta)$ sont les valeurs singulières de la jacobienne $\mathbf{J}$.

1.4.2 Design cinématique

Le design des manipulateurs est considéré le plus souvent à partir des critères de performance et de faisabilité. Dans le domaine industriel, pour une tâche déterminée, la facilité de fabrication du manipulateur est un critère important. S'y adjoint le critère de dextérité particulièrement lorsque l'éloignement des singularités, voire leur absence, est obtenu et que la cinématique inverse en est facilitée.

L'isotropie spatiale définie dans [11] comme le reflet de la capacité du manipulateur à position-ner et à orienter simultanément, et indépendamment, l'effecteur est utilisée avec une technique numérique pour la détermination des designs isotropes. Elle est appliquée pour obtenir des exem-ples de designs redondants et non redondants.

L'utilisation de la jacobienne pour déterminer l'architecture des manipulateurs a été étudiée par Gonzales-Palacios, Angeles et Ranjbaran dans [22], puis appliquée pour obtenir deux manipula-teurs redondants dont la matrice jacobienne est isotrope. Il y est montré que la matrice jacobi-enne peut être une spécification du design et être utilisée comme outil pour déduire des archi-tectures de manipulateurs qu'elle représente. La minimisation du conditionnement pour obtenir l'isotropie à travers le choix des variables de design est une technique souvent utilisée. Le manip-ulateur isotrope DIESTRO, ayant une configuration isotrope, présenté par [23] avec la définition du Kinematic Conditionning Index (KCI) $k \equiv (100/\kappa_m)\%$, où $\kappa_m = min_\theta\kappa(\mathbf{J})$ est la valeur minimum du conditionnement atteinte par le manipulateur concerné. Ainsi, l'index KCI varie entre 0% et 100%, il est défini à partir d'une matrice jacobienne rendue préalablement homogène. Les conditions d'isotropie basée sur un conditionnement optimal de la matrice jacobienne et sur la manipulabilité optimale obtenue à partir de la définition donnée dans [9] ne donnent pas les mêmes paramètres de design. Dans [8], REDIESTRO, un manipulateur redondant 7R isotrope est présenté. La longueur permettant de minimiser le conditionnement et de rendre homogène la matrice jacobienne est calculée et nommée longueur caractéristique. Une fonction cible à minimiser représentant la racine de la norme de Frobenius d'une matrice $M = JJ^T - \sigma^2 I$ en fonction de l'ensemble de paramètres de design. La résolution de ce problème d'optimisation fournit les paramètres d'un design isotrope. Dans ce cas aussi, le manipulateur isotrope obtenu possède une configuration isotrope. Dans [24], les fondements théoriques pour la détermination du design des manipulateurs isotropes sont exposés. L'auteur expose aussi la manière d'utiliser la matrice jacobienne pour déduire le design d'un manipulateur.

La méthode dite de l'homotopie polynomiale continue [25] a été utilisée pour déterminer le design géométrique des manipulateurs 3R en fonction des poses que l'on cherche à leur faire atteindre. La dextérité n'a pas été abordée par les auteurs.

Une nouvelle mesure de la dextérité des manipulateurs sériels a été formulée par [15]. Cette mesure appelée, conditionnement de la disposition est utilisée pour la détermination du design. Des exemples numériques sur quelques manipulateurs industriels ont été réalisés pour illustrer la signification de ce concept.

La détermination d'un design optimal du point de vue de la manipulabilité, en utilisant celle-ci comme critère à optimiser, en employant une méthode par algorithme génétique a été réalisée par Khatami et Sassani dans [26]. Le Global Isotropy Index (GII), défini par [17], a été utilisé par eux comme critère de performance. L'utilisation du GII comme mesure de l'isotropie en design robotique mène à un problème d'optimisation minimax. Un premier algorithme génétique détermine localement le minimum du rapport des valeurs singulières et à cette position, et un second algorithme génétique détermine le maximum de ce rapport à travers les différents paramètres de design. En partant de la constatation que le conditionnement de la jacobienne a peu de signification pratique lorsque ses composantes ont des dimensions non uniformes, ces derniers ont présenté une technique de normalisation de la jacobienne pour rendre dimensionnellement homogènes ses composantes.

Les concepts de dextérité et de manipulabilité pour la détermination des designs ont aussi été appliqués aux manipulateurs parallèles [27, 28]. Ces indices locaux utilisés dans la littérature, dans un premier temps, pour le design des manipulateurs sériels ne sont pas très appropriés pour les manipulateurs parallèles selon [27]. Ils ne refléteraient pas, pour ces derniers, la capacité de précision dans l'exécution des tâches. Les indices globaux appliqués aux manipulateurs parallèles basés sur les indices locaux sont discutables et leur évaluation sur tout l'espace de travail est souvent très complexe. Cette évaluation est un problème ouvert. Pour [27], l'indice global de précision le plus approprié serait la détermination d'une quantité qui borne l'erreur maximale de position et l'erreur maximale d'orientation. Bien qu'ayant montré l'insuffisance des indices actuels de dextérité dans l'évaluation de la précision, comme le conditionnement de la matrice jacobienne, sur un cas simple de manipulateur parallèle, dans [27] aucune proposition susceptible de faire évoluer ces indices n'est faite, et l'idée que des indices plus évolués pourraient servir à une meilleure évaluation de la capacité d'un manipulateur à se positionner et à s'orienter avec plus de précision n'est pas soulevée. Dans le chapitre 4, nous montrons aussi la nécessité de faire évoluer les indices actuels de dextérité et de manipulabilité, tout en présentant leur corrélation pour des manipulateurs sériels non simplistes. L'indice présenté dans [27], appelé l'erreur maximale de positionnement (the maximum positioning error), a été appliqué aux deux manipulateurs 6R sphériques du chapitre 4. Les résultats obtenus montrent que, pour les manipulateurs sériels, ce critère est moins performant que le conditionnement de la disposition (Conditioning Layout) [15].

Une approche géométrique simple a été appliquée à un robot planaire à 3 ddl pour évaluer la précision du positionnement et de l'orientation [28]. Par cette approche géométrique, les erreurs maximales d'orientation et de position causées par l'imprécision de la commande (actionneurs) sont évaluées à la position nominale. Cette approche géométrique est valable uniquement pour ce type de robots parallèles n'ayant pas de singularité. Elle n'est donc applicable ni à d'autres types de manipulateurs parallèles ni aux manipulateurs sériels.

Bien que certaines publications sur les manipulateurs parallèles [27] montrent l'insuffisance des indices actuels de dextérité et de manipulabilité comme quantificateurs de la capacité de précision, elles n'abordent pas la possibilité de faire évoluer ces indices pour les faire tendre progressivement vers une quantification plus exacte de la dextérité d'un manipulateur. Elles n'ont pas non plus fourni de base à partir de laquelle on pourrait débuter pour faire évoluer les indices actuels de dextérité et de manipulabilité. Concernant les manipulateurs sériels, nous parvenons aussi à la même conclusion dans cette thèse. Cependant, avec le conditionnement de la disposition (Conditioning Layout), Ranjbaran, Angeles et Kecskemethy ont montré dans [15], que cette amélioration était possible. Les chapitres 4 et 5 de cette thèse fournissent des exemples concrets de manipulateurs sur lesquels on peut s'appuyer pour étudier l'évolution nécessaire des indices utilisant la matrice jacobienne.

1.5   Justificatifs de la thèse

Dans une configuration isotrope, un manipulateur voit ses capacités cinématiques améliorées, il possède alors une meilleure capacité de positionner et d'orienter son effecteur. Dans [18] notamment, Angeles mentionne que l'isotropie génère de la robustesse dans la fabrication, l'assemblage et la mesure des erreurs et ainsi garantit un maximum de précision dans l'orientation.

Cette thèse se base sur l'hypothèse que l'isotropie peut être source de précision, c'est-à-dire que dans une configuration isotrope, un manipulateur a potentiellement plus de capacité de précision dans l'exécution des tâches à accomplir, ce qui ne prouve pas pour autant que les différents indices donnés jusqu'à présent dans la littérature soit les quantificateurs définitifs de cette capacité à orienter et à positionner avec précision l'effecteur.

Nous avons vu dans les sections 1.3 et 1.4 l'importance de la notion d'isotropie et son utilisation dans l'amélioration des performances cinématiques des manipulateurs ainsi que dans la
détermination de leur design. Mais, jusque-là, l'isotropie n'a été obtenue et utilisée que pour
des configurations fixes ou des parcours triviaux découlant de celles-ci. Dépasser les situations
triviales, et étendre l'utilisation de l'isotropie à des tâches courantes plus complexes procure des
avantages que cette thèse a cherché à atteindre. De ce point de vue, l'objectif a été d'étendre,
dans un premier temps, l'utilisation de l'isotropie à des parcours continus non triviaux, et dans
un deuxième temps à des surfaces ou même des volumes, étant donné, qu'en général, les travaux
industriels ne doivent probablement pas s'effectuer sur des parcours isotropes triviaux.

1.6 Structure de la thèse

Les objectifs à atteindre ont nécessité la détermination préalable de résultats adéquats à une
démarche ordonnée. Dans ce sens, nous avons d'abord précisé les conditions qui permettent
l'extension des conditions d'isotropie à des parcours continus. Pour cela, nous avons démontré
qu'un minimum de 6 articulations était nécessaire pour les manipulateurs nR sériels pour avoir
des parcours isotropes continus. Partant de là, nous avons alors pu déterminer un manipulateur 6R
sphérique capable de garder constamment une configuration isotrope pour toute orientation de son
effecteur. Ainsi, une surface isotrope est obtenue. Par la suite, nous avons alors pu déterminer une
surface isotrope en positionnement pour un manipulateur 4R sériel. Puis, de cette dernière, il sera
peut-être possible, de déterminer un manipulateur isotrope en orientation, en positionnement ou
globalement sur un volume. Ainsi, à la suite des résultats obtenus dans cette thèse, la possibilité
d'extension des avantages de l'isotropie aux tâches complexes devient alors possible.

Cette thèse consiste en six chapitres. L'introduction, la revue de littérature, la terminologie de
base en robotique, les éléments de base pour définir l'architecture des manipulateurs ainsi que le
but de l'étude sont présentés dans le chapitre 1. Les parcours et surfaces isotropes continus sont
définis et leurs avantages présentés. Différents travaux sur la dextérité des manipulateurs sont

présentés, ainsi qu'une revue des différents concepts et indices de performances qui mesurent la dextérité des manipulateurs. Ces mesures se basent sur la matrice jacobienne du manipulateur, et ses propriétés, point central de toutes les mesures de performances dans la littérature.

Dans le chapitre 2, la propriété d'isotropie de la matrice jacobienne est présentée en rapport avec les aspects théoriques du conditionnement des matrices. Le conditionnement de la matrice jacobienne appliqué à la dextérité est discuté avec les notions de distance aux singularités et de sensibilité des systèmes linéaires aux perturbations. Le conditionnement des matrices en général est calculé suivant différentes normes comme celle de Frobenius. La propriété d'isotropie de la matrice jacobienne, utilisée pour l'obtention d'une plus grande précision du parcours de l'effecteur, est exposée à travers des exemples.

Le chapitre 3 prouve l'inexistence de manipulateur nR sériel sphérique ayant un parcours isotrope continu pour $n < 6$. Une méthode géométrique est utilisée pour obtenir ce résultat difficile à avoir par une méthode algébrique si tant est qu'on puisse l'obtenir de cette façon. La résolution algébrique de systèmes non linéaires étant souvent trop complexe pour l'obtention de la solution générale. D'une manière générale, pour les manipulateurs nR sériels, l'obtention de parcours continus isotropes ou de surfaces isotropes ne peut se réaliser si le manipulateur a moins de 6 articulations.

Le chapitre 4 prouve l'existence d'un manipulateur 6R sphérique ayant toute la sphère comme surface isotrope dans l'espace opérationnel. L'effecteur de ce manipulateur peut prendre toutes les orientations possibles dans l'espace pendant que ce dernier conserve constamment une configuration isotrope. Le design du manipulateur est présenté ainsi qu'un parcours isotrope de ce manipulateur avec les courbes décrites par les différentes articulations. En première partie, un manipulateur ayant constamment des configurations isotropes sur seulement une demi-sphère est présenté. Les deux manipulateurs sont redondants et ont deux articulations qui restent constamment bloquées pour rester constamment dans une configuration isotrope.

Le chapitre 5 présente un manipulateur 4R sériel qui garde constamment une configuration isotrope lorsque le point d'opération de son effecteur parcourt la surface d'une sphère qui a été définie comme la sphère d'isotropie. Dans son espace de travail, ce manipulateur possède aussi deux sphères de singularités sur lesquelles il garde constamment une configuration singulière quand le point d'opération de son effecteur parcourt l'une ou l'autre. Sur toutes les sphères comprises entre les sphères de singularités et la sphère d'isotropie, la jacobienne du manipulateur a un conditionnement constant sur chacune d'entre elles. Dans ce cas aussi, ce manipulateur est redondant avec deux articulations qui restent fixes. On constate qu'il a suffi de seulement 4 articulations pour obtenir l'isotropie de position sur une sphère, alors qu'il en faut au moins 6 pour obtenir l'isotropie d'orientation sur la même surface. Il y est montré aussi qu'un manipulateur peut être au voisinage de l'isotropie en orientation et en même temps au voisinage de la singularité en positionnement.

Le chapitre 6 correspond à la conclusion. Un résumé des résultats et des contributions principales de la thèse sont présentés avec les évolutions qui peuvent être développées à partir de ceux-ci.

CHAPITRE 2

CONDITIONNEMENT ET ISOTROPIE

Le but de ce chapitre est d'établir les bases de l'analyse de la thèse en se référant à la littérature.

En mécanique, comme dans de nombreux domaines, la détermination de l'ampleur des imprécis-ions ou des erreurs de calibrage, de fabrication ou de mesure, est une tâche primordiale dans le contexte d'une évolution technologique vers toujours plus de précision.

Les imprécisions et erreurs peuvent provenir de deux sources différentes : l'erreur machine dans l'exécution de la tâche (fabrication, mesure, étalonnage, etc.) ou l'erreur de calcul lors de la résolution des équations du problème en question. Il est souvent possible de déterminer, voire mesurer, l'erreur finale globale. Dans cette dernière sont indistinctement amalgamées ces deux sources d'imprécision ou d'erreur, et il est souvent très difficile, voire impossible, de déterminer dans l'erreur globale la part de chacune des erreurs respectives. Cela provient du fait qu'une amplification des erreurs se produit toujours lors de la résolution de systèmes linéaires faisant in-tervenir des matrices, plus ou moins mal conditionnées, ou d'une manière générale non isotropes.

Plus un système d'équations est mal conditionné plus l'amplification de l'erreur de calcul est im-portante. D'une manière générale, il n'existe qu'un seul moyen de connaître exactement l'erreur machine dans l'erreur finale : savoir que l'amplification des erreurs sur les données est nulle. Cela se produit justement lorsque le système linéaire à résoudre se trouve parfaitement condi-tionné, c'est-à-dire lorsque son conditionnement est égal à l'unité. En d'autres termes, lorsqu'il est isotrope.

Pour cette raison, dans cette thèse, l'accent est mis sur les manipulateurs représentés par des systèmes isotropes, car ils devraient permettre normalement des exécutions plus précises de leurs tâches, étant donné que pour ces manipulateurs il n'existe aucune erreur de calcul dans l'erreur finale. Dans leur cas, leurs erreurs de calcul étant toujours nulles, il est plus facile de les calibrer de manière à diminuer les écarts.

2.1 Matrices isotropes

Les matrices orthogonales et unitaires ont un conditionnement optimal. Elles ne sont pas les seules ayant cette propriété, d'autres matrices la possèdent aussi. Toutes les matrices ayant un conditionnement optimal appartiennent à l'ensemble des matrices dites isotropes.

Définition 6 : Une matrice $\mathbf{A}$ rectangulaire $m \times n$ est dite isotrope si le produit matriciel $\mathbf{A}\mathbf{A}^T$ lorsque $m < n$ ou bien $\mathbf{A}^T\mathbf{A}$ lorsque $m \geq n$ est un multiple de la matrice identité.

Les valeurs singulières d'une matrice $\mathbf{A}$ sont les racines carrées des valeurs propres de $\mathbf{A}\mathbf{A}^T$. Les valeurs propres sont liées aux directions invariantes par la transformation. Ainsi, la transformée par $\mathbf{A}$ de la direction portée par le vecteur propre $\mathbf{x}$ reste invariante. Les valeurs singulières contiennent l'information sur la métrique, c'est-à-dire les distances, sur cette transformation $\mathbf{A}$. La figure 1.1 est l'image du cercle unité par $\mathbf{A}$; c'est un ellipsoïde dont les longueurs des demi-axes correspondent aux valeurs singulières maximale et minimale de $\mathbf{A}$.

Dans la revue de littérature, nous avons vu différentes mesures de performances cinématiques des manipulateurs qui utilisent le conditionnement de la matrice jacobienne $\kappa(\mathbf{J})$ avec $\mathbf{J} \in \mathbf{R}^{m \times n}$ comme mesure de la distance aux singularités ainsi que comme mesure de l'amplification des erreurs dans la résolution des systèmes linéaires $\mathbf{A}\mathbf{x} = \mathbf{b}$, que ces systèmes soient sur-déterminés $(m > n)$, déterminés $m = n$ ou sous-déterminés $m < n$.

La distance aux singularités de la jacobienne, définie par $1/\kappa(\mathbf{J})$, tend vers 0 lorsque la matrice

$\mathbf{J}$ est mal conditionnée c'est-à-dire lorsque $\kappa(\mathbf{J}) \longrightarrow \infty$, tandis que l'amplification des erreurs tend à devenir très grande. Inversement, la distance aux singularités tend vers sa valeur maximale, c'est-à-dire vers 1, lorsque la matrice jacobienne $\mathbf{J}$ tend à devenir isotrope, tandis que l'amplification des erreurs tend à devenir nulle.

Dans le cas où la matrice $\mathbf{A}$ est singulière, il n'existe pas de solution pour certaines valeurs de b, tandis que pour d'autres la solution n'est pas unique. Ainsi, si $\mathbf{A}$ est proche de singularités, on peut dans certains cas s'attendre à de grandes variations de la solution x pour seulement de petites variations de $\mathbf{A}$ ou b. Lorsque $\mathbf{A}$ est proche de l'isotropie, à de petites variations en $\mathbf{A}$ et b ne correspondront que de petites variations de la solution x.

En prenant $\kappa(\mathbf{J}) = \sigma_1/\sigma_n$ avec $\sigma_1 \geq \sigma_2 \geq ... \geq \sigma_n$, on voit que si $\mathbf{J}$ tend vers une singularité alors sa valeur singulière minimale $\sigma_n \longrightarrow 0$ et donc $\kappa(\mathbf{J}) \longrightarrow \infty$.
Si $\mathbf{J}$ tend vers l'isotropie $\sigma_1 \longrightarrow \sigma_n$ donc $\kappa(\mathbf{J}) \longrightarrow 1$

Ainsi, lorsque le conditionnement est égal à 1, toutes les valeurs singulières de $\mathbf{J}$ sont identiques; elles valent la valeur singulière commune σ. Nous avons

$$\kappa_F(\mathbf{J}) = \sqrt{tr(\mathbf{J}\mathbf{J}^T)tr((\mathbf{J}\mathbf{J}^T)^{-1})} \qquad (2.1)$$

avec

$$tr(\mathbf{J}\mathbf{J}^T) = \sigma_1 + \sigma_2 + ... + \sigma_n \qquad (2.2)$$

$$tr((\mathbf{J}\mathbf{J}^T)^{-1}) = \frac{1}{\sigma_1} + \frac{1}{\sigma_2} + ... + \frac{1}{\sigma_n} \qquad (2.3)$$

2.2 Manipulateurs isotropes

<u>Définition 7</u> : L'isotropie cinématique est la capacité d'un manipulateur à produire des mouvements et des forces avec une précision égale dans toutes les directions.

Les activités quotidiennes de l'être humain dans lesquelles il peut appliquer des mouvements et des forces de manière égale dans toutes les directions sont perçues comme plus confortables.

Soit un manipulateur sériel dont la jacobienne normalisée est $\overline{\mathbf{J}} = [\mathbf{A}^T \quad \mathbf{B}^T]^T \in \mathbb{R}^{6 \times n}$, avec $\mathbf{A} \in \mathbb{R}^{3 \times n}$ et $\mathbf{B} \in \mathbb{R}^{3 \times n}$.

<u>Définition 8</u> : Un manipulateur est dit isotrope si sa matrice jacobienne normalisée $\overline{\mathbf{J}} \in \mathbb{R}^{6 \times n}$ est isotrope en au moins un point de son espace de travail.

<u>Définition 9</u> : Un manipulateur est dit isotrope en orientation si sa sous-matrice jacobienne $\mathbf{A} \in \mathbb{R}^{3 \times n}$ est isotrope en au moins un point de son espace de travail.

<u>Définition 10</u> : Un manipulateur est dit isotrope en position si sa sous-matrice jacobienne $\mathbf{B} \in \mathbb{R}^{3 \times n}$ est isotrope en au moins un point de son espace de travail.

Remarque 1 : L'isotropie cinématique d'un manipulateur est le résultat d'un choix particulier des paramètres de Denavit-Hartenberg qui définissent l'architecture du manipulateur.

Remarque 2 : Un manipulateur nR sériel isotrope possède au moins un cercle de configurations isotropes dans son espace opérationnel. Cela découle du fait que la rotation autour de la première articulation ne change pas l'état d'isotropie du manipulateur puisque cela revient à regarder le même manipulateur sous un autre angle.

Remarque 3 : Un manipulateur qui ne peut atteindre aucune posture isotrope est dit non isotrope.

Le manipulateur REDIESTRO est un manipulateur isotrope [8].

2.3   Design isotrope des manipulateurs

Pour un manipulateur sériel nR, la matrice jacobienne $\mathbf{J}$ est de dimension $6 \times n$, et $\mathbf{JJ}^{\mathrm{T}}$ est de dimension 6×6. Ainsi, la résolution de l'équation matricielle $\mathbf{JJ}^{\mathrm{T}} = \sigma^2 \mathbf{I}$ donne lieu à un système sur-déterminé si $n < 6$ ou à un système sous-déterminé si $n > 6$. Le conditionnement de la matrice jacobienne présenté dans les sections précédentes sera le critère principal pour la détermination du design des manipulateurs.

Avec $\mathbf{e}_i$ vecteur unitaire portant l'axe de rotation de la $i^{ème}$ articulation, et $\mathbf{r}_i$ le vecteur $\overrightarrow{O_i O_{i+1}}$. Dans [2], on a

$$\mathbf{J} = \begin{bmatrix} \mathbf{e}_1 & \mathbf{e}_2 & ... & \mathbf{e}_n \\ \frac{1}{L}\mathbf{e}_1 \times \mathbf{r}_1 & \frac{1}{L}\mathbf{e}_2 \times \mathbf{r}_2 & ... & \frac{1}{L}\mathbf{e}_n \times \mathbf{r}_n \end{bmatrix} = \begin{bmatrix} \mathbf{A} \\ \frac{1}{L}\mathbf{B} \end{bmatrix} \tag{2.4}$$

$$\mathbf{A} \equiv \begin{bmatrix} \mathbf{e}_1 & \mathbf{e}_2 & ... & \mathbf{e}_n \end{bmatrix}, \quad \mathbf{B} \equiv \begin{bmatrix} \mathbf{e}_1 \times \mathbf{r}_1 & \mathbf{e}_2 \times \mathbf{r}_2 & ... & \mathbf{e}_n \times \mathbf{r}_n \end{bmatrix} \tag{2.5}$$

La condition d'isotropie $\mathbf{JJ}^T = \sigma^2 \mathbf{I}$ est un système de 36 équations à m inconnues. Comme $\mathbf{JJ}^T$ est symétrique, il n'y a donc que 21 équations indépendantes. Nous savons que les paramètres de Denavit-Hartenberg (DH) déterminent entièrement le design d'un manipulateur. Or, pour tout manipulateur nR sériel $4n - 3$ paramètres suffisent à déterminé son design. Ces paramètres sont

Les longueurs $a_1, a_2, ..., a_n$
les longueurs $b_2, b_3, ..., b_n$
les angles $\alpha_1, \alpha_1, ..., \alpha_{n-1}$
et les angles $\theta_2, \theta_3, ..., \theta_n$

car aucun vecteur $\mathbf{e}_i$ et aucun vecteur $\mathbf{r}_i$ ne dépendent de α_n, et les valeurs de θ_1 et b_1 ne changent pas l'isotropie du manipulateur.

La recherche d'un design isotrope d'un manipulateur nR sériel impose donc la résolution d'un système sous-déterminé de 21 équations à $m = 4n - 3$ inconnues si $n > 6$, la résolution d'un système sur-déterminé de 21 équations à $m = 4n - 3$ inconnues si $n < 6$, ou la résolution d'un système déterminé de 21 équations à 21 inconnues si $n = 6$.

La condition d'isotropie $\mathbf{J}\mathbf{J}^T = \sigma^2\mathbf{I}$ donne [24]

$$\mathbf{J}\mathbf{J}^T = \begin{bmatrix} \mathbf{A}\mathbf{A}^T & \frac{1}{L}\mathbf{A}\mathbf{B}^T \\ \frac{1}{L}\mathbf{B}\mathbf{A}^T & \frac{1}{L^2}\mathbf{B}\mathbf{B}^T \end{bmatrix} = \sigma^2 \begin{bmatrix} \mathbf{I} & \mathbf{O} \\ \mathbf{O} & \mathbf{I} \end{bmatrix} \tag{2.6}$$

où $\mathbf{I}$ est la matrice identité 3×3 et $\mathbf{O}$ est la matrice nulle 3×3. La condition d'isotropie est équivalente aux trois équations matricielles suivantes :

$$\mathbf{A}\mathbf{A}^T = \sigma^2\mathbf{I} \tag{2.7}$$

$$\mathbf{A}\mathbf{B}^T = \mathbf{O} \tag{2.8}$$

$$\frac{1}{L^2}\mathbf{B}\mathbf{B}^T = \sigma^2\mathbf{I} \tag{2.9}$$

Les valeurs de σ et de L peuvent être déterminées à partir des équations (2.7) et (2.9). En effet, en considérant la trace des deux membres de l'équation (2.7), nous obtenons

$$tr\left(\mathbf{A}\mathbf{A}^T\right) = tr\left(\sum_{i=1}^{n} \mathbf{e}_i\mathbf{e}_i^T\right) = 3\sigma^2 \tag{2.10}$$

Or

$$tr\left(\sum_{i=1}^{n} \mathbf{e}_i\mathbf{e}_i^T\right) = \sum_{i=1}^{n} \mathbf{e}_i^T\mathbf{e}_i = n \tag{2.11}$$

car les vecteurs $\mathbf{e}_i$ sont unitaires. Donc

$$3\sigma^2 = n \tag{2.12}$$

ainsi, la valeur singulière commune de la matrice jacobienne d'un manipulateur nR sériel dans une configuration isotrope est uniquement fonction du nombre d'articulations du manipulateur. Nous avons par 2.9

$$\frac{1}{L^2}\left(\sum_{i=1}^{n} (\mathbf{e}_i \times \mathbf{r}_i)(\mathbf{e}_i \times \mathbf{r}_i)^T\right) = \sigma^2\mathbf{I}_{3\times 3}$$

De même, si nous égalisons la trace des deux membres de l'équation (2.9), nous obtenons

$$tr\left(\frac{1}{L^2}\mathbf{B}\mathbf{B^T}\right) = \frac{1}{L^2}tr\left(\sum_{i=1}^{n}(\mathbf{e}_i \times \mathbf{r}_i)(\mathbf{e}_i \times \mathbf{r}_i)^T\right) \tag{2.13}$$

Or

$$tr\left(\sum_{i=1}^{n}(\mathbf{e}_i \times \mathbf{r}_i)(\mathbf{e}_i \times \mathbf{r}_i)^T\right) = \sum_{i=1}^{n}(\mathbf{e}_i \times \mathbf{r}_i)^T(\mathbf{e}_i \times \mathbf{r}_i) = \sum_{1}^{n} \parallel \mathbf{e}_i \times \mathbf{r}_i \parallel^2 \tag{2.14}$$

puisque $\sigma^2 = n/3$, donc la longueur caractéristique L, utilisée pour homogénéiser la matrice jacobienne, est donnée par

$$L^2 = \frac{\sum_{i=1}^{n} \parallel \mathbf{e}_i \times \mathbf{r}_i \parallel^2}{n} \tag{2.15}$$

2.4 Méthodes de détermination d'un design isotrope

Deux méthodes sont utilisées pour déterminer un design isotrope de manipulateurs. La première est une méthode d'optimisation du coût d'une fonction sur les $4n - 3$ paramètres à déterminer sujets aux conditions d'isotropie. La seconde méthode consiste à réduire dans le système matriciel (2.6) le nombre de $4n - 3$ paramètres à 21 et de résoudre un système de 21 équations à 21 inconnues.

2.4.1 Méthode d'optimisation

Cette première approche consiste à déterminer les variables du design isotrope en optimisant une fonction coût qui pénalise la violation des équations d'isotropie. Pour cela, une fonction z est définie comme la distance du design à l'isotropie. Cette distance est obtenue à partir des $4n - 3$ variables de design et définie à partir de la norme de Frobenius. Nous définissons une matrice $\mathbf{M}$ par ([2], [5] et [8])

$$\mathbf{M} = \mathbf{J}\mathbf{J^T} - \sigma^2\mathbf{I} \tag{2.16}$$

la matrice M est donc utilisée pour effectuer la mesure de la distance de la matrice jacobienne à l'isotropie. Ainsi, nous avons un problème d'optimisation sans contrainte

$$z \equiv \| \mathbf{M} \| \longrightarrow \min_{\mathbf{x}} \qquad (2.17)$$

équivalent à

$$z \equiv \sqrt{tr(\mathbf{M}\mathbf{M}^{\mathbf{T}})} \longrightarrow \min_{\mathbf{x}} \qquad (2.18)$$

où $\mathbf{x}$ est le vecteur formé des $4n - 3$ paramètres à déterminer et de la longueur caractéristique L.

Une méthode numérique a été utilisée par Angeles et Ranjbaran dans [8] pour résoudre le précédent problème d'optimisation ce qui a permis d'avoir les paramètres de DH du manipulateur isotrope REDIESTRO.

2.4.2 Méthode de résolution algébrique de système

La seconde approche consiste soit à déterminer les inconnues dans le cas des systèmes sur-dimensionnés, soit à considérer certaines variables comme des paramètres dans le cas de systèmes sous-dimensionnés. Le système d'équations non linéaires peut alors être résolu soit de manière numérique, soit algébriquement en imposant certaines contraintes aux variables pour simplifier la résolution algébrique.

Nous avons résolu algébriquement, avec des restrictions, le système d'équations non linéaires pour un manipulateur sphérique sériel ayant 5 articulations. Étant donné le choix d'un manipulateur sphérique, seule l'isotropie d'orientation a été prise en compte. La matrice jacobienne $\mathbf{J}$ d'un manipulateur sériel sphérique ayant n articulations est $\mathbf{J} = [\mathbf{e}_1 \ \mathbf{e}_2 \ ... \ \mathbf{e}_n]$ où $\mathbf{e}_i$ est le vecteur unitaire indiquant la direction de l'axe de la $i^{ème}$ articulation. La relation cinématique entre le vecteur vitesse angulaire $\boldsymbol{\omega}$ de l'effecteur et le vecteur $\dot{\boldsymbol{\theta}} = [\dot{\theta}_1, \dot{\theta}_2, ..., \dot{\theta}_n]^T$ est $\mathbf{J}\dot{\boldsymbol{\theta}} = \boldsymbol{\omega}$.

2.5   Isotropie de positionnement

Résoudre, dans le cas général, le système représentant les conditions d'isotropie de position d'un manipulateur nR sériel est très complexe, car la détermination des vecteurs $\mathbf{r}_i$ nécessaires, pour connaître la position des articulations dépend des valeurs des θ_i, qui sont eux-mêmes à déterminer. Le système à résoudre étant non linéaire, les restrictions qui permettent d'obtenir des solutions nécessaires pour avoir des parcours continus isotropes, fournissent le plus souvent des solutions triviales de peu d'intérêt. La variation des vecteurs $\mathbf{r}_i$ déplace les articulations dans l'espace de travail, ce déplacement se fait par la variation des angles θ_i, $i = 1, 2...n$. Les rotations des articulations changent les coordonnées des vecteurs $\mathbf{e}_i$, $i = 2...n$, et ceux-ci varient dans le temps au cours du parcours continu. Ainsi, la grande complexité de l'isotropie de position est qu'elle impose de vérifier à chaque point du parcours l'égalité entre les vecteurs utilisés pour le calcul de l'isotropie de position et ceux atteints par les vecteurs unitaires portant les axes des articulations du manipulateur. Les méthodes numériques donnent des positions fixes, et sont peu utiles dans la recherche de parcours continus isotropes non triviaux.

2.5.1   Existence d'une infinité de manipulateurs planaires 4R isotropes

Comme nous le voyons sur la figure 2.1, considérons le carré $ABCD$ de centre O origine du repère $(O, \mathbf{i}, \mathbf{j})$. Plaçons 4 articulations rotoïdes centrées en O_1, O_2, O_3 et O_4 respectivement sur les segments $[OA]$, $[OB]$, $[OC]$ et $[OD]$. Puis plaçons le point d'opération de l'effecteur en O. O_1 et O_2 sont placés de manière à avoir la même ordonnée a, et O_3 et O_4 la même ordonnée b.

Nous avons alors $\mathbf{r}_1 = [a \ \ a]^T$, $\mathbf{r}_2 = [-a \ \ a]^T$, $\mathbf{r}_3 = [-b \ \ -b]^T$ et $\mathbf{r}_4 = [b \ \ -b]^T$, ce qui nous donne la matrice jacobienne

$$\mathbf{J} = \begin{bmatrix} -a & -a & b & b \\ a & -a & -b & b \end{bmatrix}$$

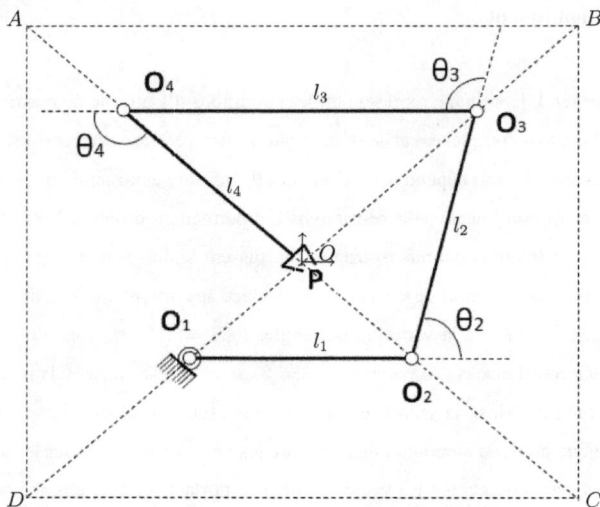

Figure 2.1 Manipulateur planaire 4R isotrope en positionnement

$$\dot{\mathbf{p}} = \mathbf{J}\dot{\boldsymbol{\theta}} \qquad \text{avec} \qquad \dot{\boldsymbol{\theta}} = \begin{bmatrix} \dot{\theta}_1 \\ \dot{\theta}_2 \\ \dot{\theta}_3 \\ \dot{\theta}_4 \end{bmatrix}$$

qui est isotrope si $ab \neq 0$. Ainsi, pour chaque couple $(a, b) \in \mathbf{R}^2$ tel que $ab \neq 0$, nous obtenons un manipulateur 4R planaire isotrope tel que celui montré à la figure 2.1.

Dans la figure 2.1, en prenant $O_1O_2 = l_1$, $O_2O_3 = l_2$, $O_3O_4 = l_3$, nous avons $\theta_2(t) = 3\pi/4 - \arctan(\frac{l_3}{l_1})$, $\theta_3(t) = 3\pi/4 - \arctan(\frac{l_1}{l_3})$ et $\theta_4(t) = 3\pi/4$. Ainsi, les fonctions $\theta_2(t)$, $\theta_3(t)$ et $\theta_4(t)$ sont des fonctions constantes $\forall t$, donc continues. La fonction vectorielle $\boldsymbol{\theta}(t) = [\theta_1(t), \theta_2(t), \theta_3(t), \theta_4(t)]^T$ est alors un parcours continu isotrope dans l'espace articulaire du manipulateur 4R pourvu que la fonction $\theta_1(t)$ soit continue.

2.5.2 Manipulateurs de positionnement planaires nR isotropes

Comme nous le voyons sur la figure 2.2, considérons le polygône à n côtés $A_0, A_1...A_{n-1}$ de centre O origine du repère $(O, \mathbf{i}, \mathbf{j})$. Plaçons n articulations rotoïdes centrées en les points $A_0, A_1...A_{n-1}$. Puis, plaçons le point d'opération de l'effecteur en O. Les points $A_0, A_1...A_{n-1}$ sont situés sur un cercle de centre O. Sans perte de généralité, supposons ce cercle unitaire. On a alors

$$OA_i = -\mathbf{r}_i = \begin{bmatrix} \cos(2\pi i/n) \\ \sin(2\pi i/n) \end{bmatrix} = \begin{bmatrix} C_{\frac{2\pi i}{n}} \\ S_{\frac{2\pi i}{n}} \end{bmatrix}, \quad \text{pour} \quad i = 0, 1.....(n-1)$$

Nous obtenons alors la matrice jacobienne suivante

$$\begin{bmatrix} \sin(0) & \sin(\frac{2\pi}{n}) & \cdots & \sin(\frac{2\pi i}{n}) & \cdots & \sin(\frac{2(n-1)\pi}{n}) \\ -\cos(0) & -\cos(\frac{2\pi}{n}) & \cdots & -\cos(\frac{2\pi i}{n}) & \cdots & -\cos(\frac{2(n-1)\pi}{n}) \end{bmatrix}$$

qui est isotrope si $n > 2$ car

$$\sin^2(0) + \sin^2(\frac{2\pi}{n}) + \cdots + \sin^2(\frac{2\pi i}{n}) + \cdots + \sin^2(\frac{2(n-1)\pi}{n}) = \frac{n}{2}$$
$$\cos(0)^2 + \cos^2(\frac{2\pi}{n}) + \cdots + \cos^2(\frac{2\pi i}{n}) + \cdots + \cos^2(\frac{2(n-1)\pi}{n}) = \frac{n}{2}$$
$$\sin(0)\cos(0) + \cdots + \sin(\frac{2\pi i}{n})\cos(\frac{2\pi i}{n}) + \cdots + \sin(\frac{2(n-1)\pi}{n})\cos(\frac{2(n-1)\pi}{n}) = 0$$

$$(2.19)$$

Soit j le nombre complexe vérifiant $j^2 = -1$. L'équation 2.19a s'obtient par

$$\sum_{p=0}^{n-1} sin^2(\frac{2\pi p}{n}) = \sum_{p=0}^{n-1} \left(\frac{\exp(\frac{2\pi p j}{n}) - \exp(-\frac{2\pi p j}{n})}{2j} \right)^2 = -\frac{1}{4}\left(-2n + 2\sum_{p=0}^{n-1} cos(\frac{4\pi p}{n}) \right)$$

$$= \frac{n}{2}$$

car

$$\sum_{p=0}^{n-1} cos(\frac{4\pi p}{n}) = 0$$

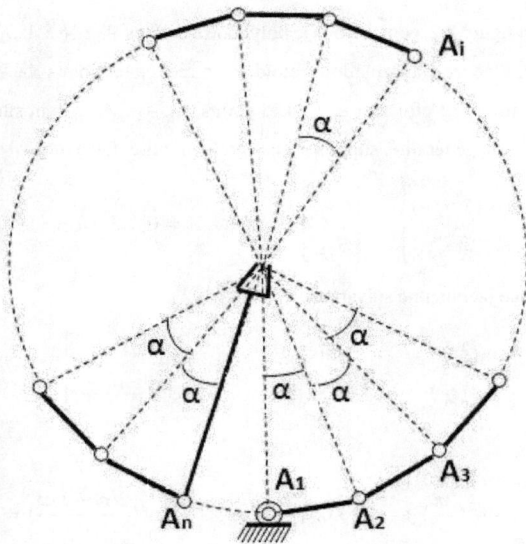

Figure 2.2 Manipulateur planaire nR isotrope. La base est en A_1.

Ainsi, pour tout $n > 2$, il existe au moins un manipulateur planaire nR isotrope en position.

Les articulations du manipulateur nR, de la figure 2.2, sont réparties de manières régulières sur un cercle. Cependant, cette contrainte de répartition régulière des articulations n'est pas obligatoire. Le manipulateur de la figure 2.3 est un manipulateur planaire 8R isotrope sans que ses articulations soient équidistantes du point d'opération de l'effecteur. Cela peut être généralisé à tous les manipulateurs nR planaires.

Montrons-le pour $n = 2p$ pair.

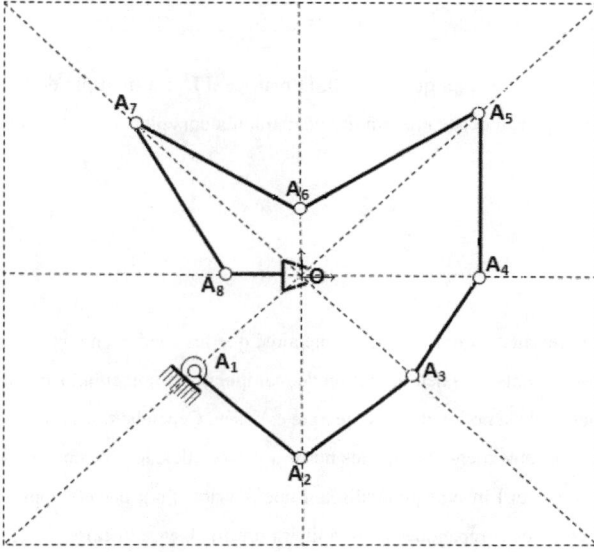

Figure 2.3 Manipulateur planaire 8R isotrope en positionnement

$$
\mathbf{J} = \begin{bmatrix} \sin(0) & \sin(\frac{2\pi}{2p}) & \cdots & \sin(\frac{2p\pi}{2p}) & \cdots & \sin(\frac{2(2p-1)\pi}{2p}) \\ \cos(0) & -\cos(\frac{2\pi}{2p}) & \cdots & -\cos(\frac{2p\pi}{2p}) & \cdots & \cos(\frac{2(2p-1)\pi}{2p}) \end{bmatrix}
$$

Pour tout $k \in [0 \, , \, n-1]$, il y a un terme dont l'angle est $2k\pi/2p$. Multiplions les termes pour lesquels k est pair par a et ceux pour lesquels k est impair par b. Mettons les premiers dans la matrice $\mathbf{J}_1$ et les seconds dans la matrice $\mathbf{J}_2$, et posons $\mathbf{J} = [\mathbf{J}_1 \quad \mathbf{J}_2]$. La permutation des colonnes de la matrice $\mathbf{J}$ conserve l'isotropie, donc la matrice $\mathbf{J}$ est isotrope car les deux matrices $\mathbf{J}_1$ et $\mathbf{J}_2$ le sont

$$
\mathbf{J}_1 = a \begin{bmatrix} \sin(0) & \cdots & \sin(\frac{2(2i)\pi}{2p}) & \cdots\cdots & \sin(\frac{2(2p-2)\pi}{2p}) \\ -\cos(0) & \cdots & -\cos(\frac{2(2i)\pi}{2p}) & \cdots-\cos(\frac{2(2p-2)\pi}{2p}) \end{bmatrix}
$$

$$\mathbf{J}_2 = b \begin{bmatrix} \sin\left(\frac{2\pi}{2p}\right) & \cdots & \sin\left(\frac{2(2i+1)\pi}{2p}\right) & \cdots & \sin\left(\frac{2(2p-1)\pi}{2p}\right) \\ -\cos\left(\frac{2\pi}{2p}\right) & \cdots & -\cos\left(\frac{2(2i+1)\pi}{2p}\right) & \cdots & -\cos\left(\frac{2(2p-1)\pi}{2p}\right) \end{bmatrix}$$

Ainsi, pour tout couple $(a, b) \in \mathbf{R}^2$, tel que $ab \neq 0$, la matrice $\mathbf{JJ}^T$ est multiple de la matrice identité. Donc, pour $n > 2$ pair, il existe une infinité de manipulateurs planaires nR isotropes en positionnement.

2.6 Conclusion

Dans ce chapitre ont été présentés la notion d'isotropie ainsi que les fondamentaux nécessaires, utilisés dans les chapitres suivants, à la détermination de manipulateurs non simplistes ayant une dextérité optimale. La portée de la notion d'isotropie a été exposée. Cependant, les notions fondamentales, à la base du conditionnement, comme les normes vectorielles, les normes matricielles, les équivalences entre normes et l'inverse généralisée d'une matrice n'ont pas été approfondies, car elles sont largement connues et répandues dans la littérature en algèbre linéaire.

L'importance du conditionnement, sur lequel s'appuie le concept de dextérité d'un manipulateur, dans l'amplification des erreurs d'arrondis qui peuvent lourdement entacher le résultat, lors de la résolution des systèmes linéaires, a aussi été présentée pour permettre de bien percevoir la portée de la notion d'isotropie. Des exemples de manipulateurs planaires isotropes en positionnement ont été exposés, et un exemple simple de parcours isotrope continu d'un manipulateur 4R planaire a été explicité.

CHAPITRE 3

ISOTROPIE DES MANIPULATEURS SPHÉRIQUES

3.1 Introduction

Pour décrire l'orientation d'un corps rigide, les paramètres d'Euler-Rodrigues peuvent être utilisés. Ce sont quatre réels vérifiant $a^2 + b^2 + c^2 + d^2 = 1$. Toute rotation dans $\mathbb{R}^3$ est déterminée de manière unique par son axe de rotation, de vecteur directeur e, et par l'angle de rotation ϕ. Les paramètres d'Euler-Rodrigues sont alors définis par $\mathbf{r} \equiv \sin(\phi/2)\mathbf{e}$ et $r_0 \equiv \cos(\phi/2)$. Contrairement aux angles d'Euler, les paramètres d'Euler-Rodrigues n'induisent pas singularités.

L'espace de travail d'un manipulateur sphérique est décrit par 4 paramètres liés par une contrainte. De ce fait, les paramètres d'Euler-Rodrigues sont un outil adéquat pour décrire l'espace de travail d'un manipulateur sphérique. Quatre paramètres liés par une contrainte fournissent trois variables. Il faut trois variables pour décrire l'orientation de l'effecteur dans l'espace. La définition d'un parcours isotrope, qui a été initialement considérée en se basant sur deux variables pour décrire la sphère unitaire de $\mathbb{R}^3$ est fausse. Car les variables pour décrire l'orientation d'un corps rigide décrivent la sphère unitaire de $\mathbb{R}^4$.

La fonction d'un manipulateur sphérique est d'orienter un solide. En maintenant la variable articulaire de la dernière articulation d'un manipulateur nR sphérique constante, le point d'opération de l'effecteur de ce manipulateur peut se positionner sur tout point de la sphère. Puis, en faisant varier la dernière variable articulaire, on peut obtenir toute orientation de l'effecteur. Puisque la valeur de la variable articulaire de la dernière articulation n'influe pas sur l'isotropie d'un manipulateur sphérique, si le point d'opération de l'effecteur peut se positionner sur tout point de la sphère pendant que le manipulateur se trouve dans une configuration isotrope, alors le manipulateur nR sphérique sera dans une configuration isotrope pour toute orientation de son effecteur. De ce fait deux paramètres (angles) suffisent à préciser n'importe quelle position du point d'opération de l'effecteur du manipulateur sphérique sur la sphère. Une fois le point d'opération positionné sur la sphère, la rotation autour de l'axe de la dernière articulation (angle) permet l'orientation désirée de l'effecteur. Ainsi, si le point d'opération de l'effecteur peut se positionner sur tout point de la sphère alors le manipulateur sphérique peut produire toutes les orientations de l'effecteur.

Un parcours continu isotrope d'un manipulateur sériel se définit plutôt dans l'espace articulaire de ce dernier. Pour passer d'un point de l'espace cartésien à un autre l'effecteur du manipulateur décrit nécessairement un parcours même lorsque les composantes du vecteur θ, ayant pour composantes les variables articulaires du manipulateur, est une fonction vectorielle continue dans l'espace articulaire. En conséquence, la définition d'un parcours continu istrope est maintenant faite dans l'espace articulare et non plus dans l'espace opérationnel.

Un parcours isotrope continu trivial est une courbe continue de longueur non nulle qui est circulaire et incluse dans un plan perpendiculaire à l'axe de la première articulation. Elle est parcourue par le point d'opération de l'effecteur d'un manipulateur qui garde constamment une configuration isotrope pendant que le point d'opération de son effecteur parcourt cette courbe. Les courbes continues isotropes et les surfaces isotropes ont été définies dans le chapitre 1. Dans ce chapitre, nous montrons qu'il n'existe pas de manipulateur sériel nR sphérique ayant un parcours isotrope continu non trivial si $n < 6$. En d'autres termes, le point d'opération de l'effecteur de tout manipulateur nR sphérique où $n < 6$ ne peut parcourir de courbe continue isotrope non triviale pendant que ce dernier garde constamment une configuration isotrope. Ce résultat est nouveau.

Jusqu'à récemment, l'étude des manipulateurs sphériques isotropes s'est limitée au cas simple des manipulateurs 3R, et au cas des manipulateurs 4R que Chablat et Angeles ont étudié de manière exhaustive [18]. Ils ont démontré algébriquement qu'il existe exactement 32 configurations isotropes pour les manipulateurs 4R sphériques. Nous avons montré au chapitre 2 et dans

[40] l'existence d'une infinité non dénombrable de configurations isotropes pour les manipulateurs 5R sphériques. La notion de parcours continue isotrope et de surface isotrope pour un manipulateur sphérique a été introduite par Akrout et Baron qui ont prouvé l'existence d'une surface continue isotrope pour un manipulateur 6R sphérique donné [41], et ils ont montré l'existence d'un manipulateur sériel 6R sphérique isotrope pour toute orientation de son effecteur [29].

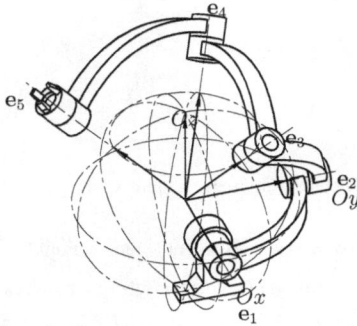

Figure 3.1 Manipulateur 5R sphérique isotrope

Soit M un manipulateur nR sériel sphérique. Soit O le centre de la sphère unitaire S, les points

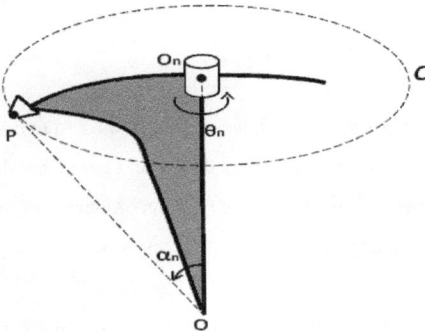

Figure 3.2 Dernière articulation et effecteur d'un manipulateur sphérique

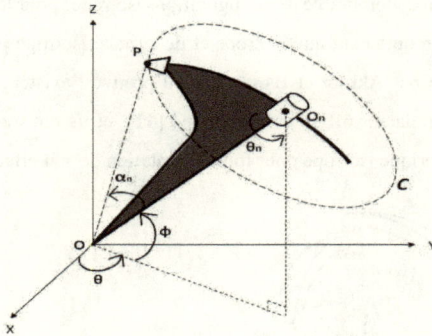

Figure 3.3 Orientation de l'effecteur d'un manipulateur sphérique

O_n et P appartiennent à S et représentent respectivement l'intersection de l'axe la dernière articulation de M avec S et le point d'opération de l'effecteur, tels que montrés sur les figures 3.2 et 3.3. Les points O_n et P sont deux points de l'effecteur. L'orientation de l'effecteur est définie par les vecteurs $\overrightarrow{OP} = \mathbf{e}$ et $\overrightarrow{OO_n} = \mathbf{e}_n$ reliant respectivement le point O au point P et le point O au point O_n.

Le paramètre DH α_n est constant, on a

$$\mathbf{e}_{n-1}^T \mathbf{e}_n = \cos(\alpha_n) \qquad (3.1)$$

Les vecteurs $\mathbf{e}$ et $\mathbf{e}_n$ étant unitaires, 4 paramètres indépendants et la contrainte 3.1 suffisent à les exprimer. Car deux paramètres indépendants suffisent à définir un vecteur unitaire. La contrainte de normalité (norme égale à 1) impose une relation entre les 3 coordonnées d'un vecteur unitaire $(x^2 + y^2 + z^2 = 1)$. On a en fin de compte quatre paramètres reliés par une contrainte.

Si les points O_n et P peuvent parcourir tous les points de la sphère unitaire avec un angle relatif $\alpha_n = (\overrightarrow{OO_n}, \overrightarrow{OP})$, alors l'effecteur peut atteindre toutes les orientations dans l'espace (3 ddl).

L'isotropie d'un manipulateur nR sphérique est atteinte lorsque la condition d'isotropie $\mathbf{J}\mathbf{J}^T = \lambda\mathbf{I}$ avec $\mathbf{J} = [\mathbf{e}_1 \quad \mathbf{e}_2 \quad \ldots \quad \mathbf{e}_n]$ est vérifiée. Or, la condition d'isotropie est indépendante de α_n et θ_n puisque tous les vecteurs $\{\mathbf{e}\}_{i=1}^n$ sont indépendants de α_n et θ_n. Ainsi, si un manipulateur sphérique se trouve dans une configuration isotrope pour $\alpha_n = 0$, alors il sera aussi dans une configuration isotrope pour n'importe quelles valeurs de α_n et θ_n, à condition de ne pas changer les autres paramètres de DH. Par conséquent, si un manipulateur sphérique est dans une configuration isotrope pour une orientation de $\mathbf{e}_n$, alors il sera aussi dans une configuration isotrope pour toute orientation de l'effecteur autour de $\mathbf{e}_n$.

Ainsi, il suffit que le point O_n, qui appartient à l'axe de la dernière articulation porté par le vecteur $\mathbf{e}_n$, parcourt toute la sphère unitaire pour que l'effecteur puisse atteindre toutes les orientations. Par conséquent si le manipulateur sphérique M garde constamment une configuration isotrope lorsque le point O_n parcourt toute la sphère alors le manipulateur M est isotrope pour toute orientation de l'effecteur. L'étude de l'isotropie des manipulateurs sphériques se ramène donc à l'étude des positions de O_n sur la sphère unitaire pour lesquelles le manipulateur sphérique a une configuration isotrope.

3.1.1 Ensembles isotropes de points de la sphère unitaire

Nous étudions le parcours du point d'opération de l'effecteur du manipulateur sphérique car l'isotropie de ce dernier est indépendante de la valeur de θ_n, angle de rotation de la dernière articulation du manipulateur. Nous utiliserons la notion d'ensembles de points isotropes pour déterminer les parcours isotropes d'un manipulateur sphérique [18].

Considérons un ensemble $F_n = \{P_i\}_{i=1}^n$ de n points sur la sphère unitaire de centre O. Et soient $E_n = \{\mathbf{e}_i\}_{i=1}^n$ l'ensemble des n vecteurs $\mathbf{e}_i = \overrightarrow{OP_i}$ associés aux n points $\{P_i\}_{i=1}^n$. La sphère étant considérée unitaire, les vecteurs $\{\mathbf{e}_i\}_{i=1}^n$ sont unitaires.

<u>Définition 11</u> : L'ensemble F_n est dit isotrope si la matrice $\mathbf{J} = [\mathbf{e}_1 \; ... \; \mathbf{e}_i \; ... \; \mathbf{e}_n]$ est isotrope. Dans ce cas, on dira aussi que $E_n = \{\mathbf{e}_i\}_{i=1}^n$ est isotrope.

À tout ensemble $F_n = \{P_i\}_{i=1}^n$ de n points sur la sphère unitaire de centre O on peut associer $n!$ chaînes cinématiques simples. Pour en obtenir une, il suffit de choisir un n-uplet de points pris dans E_n parmi les $n!$ n-uplets possibles. Pour ce faire, considérons le n-uplet $(P_1, ..., P_i, ..., P_n)$, et plaçons n articulations rotoïdes centrées en $\{P_i\}_{i=1}^n$. Relions ensuite ces n articulations par $n-1$ membrures. La $i^{ème}$ membrure relie les articulations i et $i+1$. La $n^{ième}$ membrure relie la $n^{ième}$ articulation à l'effecteur. Sans perte de généralité, on pourra toujours choisir P_1 de telle manière que $\mathbf{e}_1 = [1 \quad 0 \quad 0]^T$, car il existera toujours une rotation qui permettra de réaliser cela. La chaîne cinématique ainsi construite sera dite associée à $F_n = \{P_i\}_{i=1}^n$.

Soit un ensemble $F_n = \{P_i\}_{i=1}^n$ de n points sur la sphère unitaire de centre O, et soit la chaîne cinématique simple qui lui est associée. La $i^{ème}$ colonne de la matrice jacobienne du manipulateur représenté par cette chaîne cinématique simple, $\mathbf{J} = [\mathbf{e}_1 \; ... \; \mathbf{e}_i \; ... \; \mathbf{e}_n]$, est le $i^{ème}$ vecteur de l'ensemble E_n associé à F_n.

<u>Définition 12</u> : Soit un ensemble $F_n = \{P_i\}_{i=1}^n$ de n points sur la sphère unitaire de centre O, et soit la chaîne cinématique simple qui lui est associée. Le manipulateur, représenté par cette dernière, sera dit dans une configuration isotrope si F_n est isotrope.

Ainsi, à chaque n-uplet de points sur la sphère unitaire on peut associer un manipulateur sphérique et inversement. Si l'ensemble des n points constituants le n-uplet est isotrope alors le manipulateur associé à ce dernier sera dans une configuration isotrope et inversement.

Par conséquent, pour déterminer le nombre configurations isotropes d'un manipulateur nR sphérique, il suffit de déterminer le nombre d'ensembles isotropes $F_n = \{P_i\}_{i=1}^n$ de n points de la sphère unitaire tels que les produits scalaires des vecteurs successifs $\mathbf{e}_i^T \mathbf{e}_{i+1}$ $i = 1, ..., n-1$, de l'ensemble

$E_n = \{\mathbf{e}_i\}_{i=1}^n$ associé à F_n soient tous constants. La détermination du nombre de configurations isotropes d'un manipulateur nR sphérique revient alors à la détermination du nombre de tels ensembles isotropes E_n de n vecteurs. La figure 3.4 montre un manipulateur 5R sphérique associé à un ensemble isotrope E_5 de 5 vecteurs.

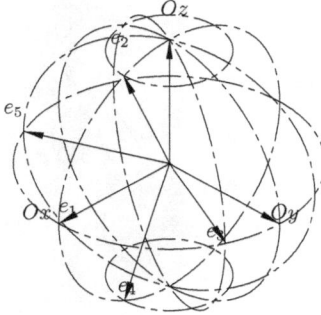

Figure 3.4 5 points de la sphère unitaire formant un ensemble isotrope de points

3.2 Manipulateurs sphériques isotropes

3.2.1 Manipulateur 3R isotrope

Les vecteurs de la matrice identité $\mathbf{I}$ de $\mathbb{R}^3$ fournissent un ensemble de positions isotropes, on a bien $\mathbf{I}\,\mathbf{I} = \lambda\,\mathbf{I}$ avec $\lambda = 1$. Soient $\mathbf{e}_1$, $\mathbf{e}_2$ et $\mathbf{e}_3$ trois vecteurs unitaires de $\mathbf{R}^3$. Il est toujours possible de se ramener à $\mathbf{e}_1 = [1\ \ 0\ \ 0]^T$, $\mathbf{e}_2 = [c\ \ s\ \ 0]^T$. On prendra $\mathbf{e}_3 = [x\ \ y\ \ z]^T$ quelconque. Soit $\mathbf{J}=[\mathbf{e}_1\ \ \mathbf{e}_2\ \ \mathbf{e}_3]$, $\mathbf{J}\,\mathbf{J}^T = \lambda\mathbf{I}$ dont la résolution algébrique donne directement $z = \pm 1$, $c = x = y = 0$ et $s = \pm 1$, c'est-à-dire $\mathbf{e}_1 = [1\ \ 0\ \ 0]^T$, $\mathbf{e}_2 = [0\ \ \pm 1\ \ 0]^T$ et $\mathbf{e}_3 = [0\ \ 0\ \ \pm 1]^T$. Il n'existe donc que 4 postures isotropes dont découlent seulement 2 configurations isotropes pour un manipulateur 3R sphérique, figure 3.5, dont les paramètres de DH sont présentés respectivement dans la table 3.1.

La formulation géométrique du problème, que nous utiliserons par la suite pour résoudre les cas des manipulateurs sphériques 4R et 5R, n'apporte rien dans le cas des manipulateurs sphériques 3R, car la matrice jacobienne de ces derniers est une matrice 3×3.

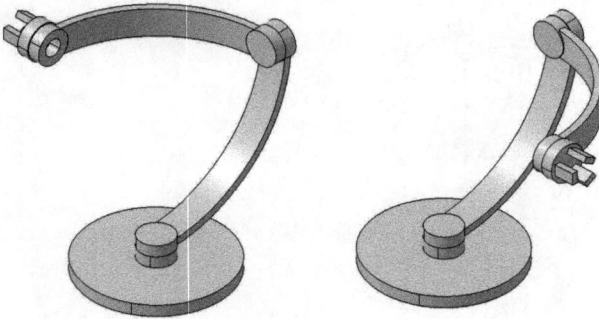

Figure 3.5 Manipulateur 3R sphérique isotrope, configuration 1 (à gauche) et configuration 2 (à droite)

	i	α_i	θ_i
	1	90°	*
Configuration 1	2	90°	90°
	3	*	*
	1	90°	*
Configuration 2	2	90°	-90°
	3	*	*

Tableau 3.1 Angles α_i et θ_i du manipulateur de la figure 3.5

La matrice jacobienne $\mathbf{J}$ du manipulateur représenté dans la figure 3.5, dans ses deux configurations différentes, est

$$\mathbf{J} = \begin{bmatrix} 0 & -\sin(\theta_1) & \cos(\theta_1)\cos(\theta_2) \\ 0 & \cos(\theta_1) & \sin(\theta_1)\cos(\theta_2) \\ 1 & 0 & -\sin(\theta_2) \end{bmatrix}$$

son conditionnement ne dépend que de θ_2. Elle est isotrope pour $\theta_2 = \pi$ ou $\theta_2 = 0$, et singulière pour $\theta_2 = \pm\pi/2$.

La jacobienne $\mathbf{J}$ d'un manipulateur sphérique est indépendante de α_n, angle entre l'axe Z_n de la $n^{i\grave{e}me}$ articulation et l'axe Z_{n+1} de l'effecteur, car $\mathbf{J}$ ne dépend que des vecteurs $\{e_i\}_{i=1}^n$ qui portent les axes $\{Z_i\}_{i=1}^n$. Or, tous vecteurs $\{e_i\}_{i=1}^n$ sont indépendants de α_n. La jacobienne $\mathbf{J}$ est aussi indépendante de θ_1, par conséquent si un manipulateur sphérique se trouve dans une configuration isotrope pour une certaine valeur de θ_1 alors il sera dans une configuration isotrope pour toute valeur que θ_1 peut atteindre.

3.2.2 Manipulateur 4R isotrope

Dans le cas des manipulateurs 3R sphériques isotropes les 4 postures précédentes sont aussi obtenues à partir des trois vecteurs de la matrice identité $\mathbf{I}$ de $\mathbf{R}^3$ par les symétries par rapport aux plans XOY, XOZ et de la symétrie composée de la symétrie par rapport à XOY suivie de la symétrie par rapport à XOZ, comme cela a aussi été montré dans [18] concernant les manipulateurs 4R sphériques isotropes.

Pour $n = 4$, les 4 vecteurs suivants $[1 \quad 0 \quad 0]^T$, $[-1/3 \quad -2\sqrt{3}/3 \quad 0]^T$, $[-1/3 \quad \sqrt{2}/3$ $\sqrt{6}/3]^T$, $[-1/3 \quad \sqrt{2}/3 \quad -\sqrt{6}/3]^T$ donnent les positions des sommets du solide de Platon tétraèdrique sur la sphère unitaire, formant ainsi le tétraèdre dont les sommets sont les extrémités des 4 vecteurs $e_1 = i$, e_2, e_3 et e_4 de la figure 3.6. On a

$$\mathbf{J} = \begin{bmatrix} 1 & -1/3 & -1/3 & -1/3 \\ 0 & -2\sqrt{2}/3 & \sqrt{2}/3 & \sqrt{2}/3 \\ 0 & 0 & \sqrt{6}/3 & -\sqrt{6}/3 \end{bmatrix} \tag{3.2}$$

et $\mathbf{J}\mathbf{J}^T = \lambda\mathbf{I}$ avec $\lambda = 4/3$. Dans la matrice jacobienne d'un manipulateur 4R sphérique constituée des 4 vecteurs normés $\{e_i\}_{i=1}^4$ des axes de rotation, on peut toujours avoir $e_1 = [1 \quad 0 \quad 0]^T$ et

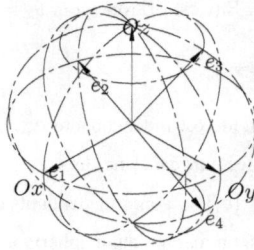

Figure 3.6 Positions des 4 sommets du tétraèdre sur la sphère unitaire

$e_2 = [c \quad s \quad 0]^T$ dans le plan $(0x, 0y)$. Les vecteurs $e_3 = [x \quad y \quad z]^T$ et $e_4 = [u \quad v \quad w]^T$ étant pris quelconques. Ainsi, la forme générale de la matrice jacobienne d'un manipulateur 4R sphérique est

$$\mathbf{J} = \begin{bmatrix} 1 & c & u & x \\ 0 & s & v & y \\ 0 & 0 & w & z \end{bmatrix} \tag{3.3}$$

La résolution algébrique faite en [18] donne les 32 solutions possibles qui peuvent être déduites ses 8 solutions de base. Les 24 autres solutions sont obtenues en prenant les symétriques par rapport aux plans XOY, XOZ et de la symétrie composée de la symétrie par rapport à XOY suivie de la symétrie par rapport à XOZ.

Sur les 32 solutions de la table 3.5, il existe 8 solutions de base [18] dont découlent les 24 autres, soit par réflexion autour du plan XY, soit par réflexion autour du plan XZ, soit par la réflexion autour du plan XZ suivie de la réflexion autour du plan XY. À ces dernières correspondent les 8 cas des paramètres DH auxquels sont associés les 8 manipulateurs présentés dans [18].

3.3 Manipulateur sériel 5R sphérique isotrope

Soit

$$
\mathbf{J} = \begin{bmatrix} 1 & \frac{1}{\sqrt{6}} & \frac{1}{\sqrt{6}} & \frac{1}{\sqrt{6}} & \frac{1}{\sqrt{6}} \\ 0 & 0 & \sqrt{\frac{5}{6}} & 0 & -\sqrt{\frac{5}{6}} \\ 0 & \sqrt{\frac{5}{6}} & 0 & -\sqrt{\frac{5}{6}} & 0 \end{bmatrix} \tag{3.4}
$$

La matrice $\mathbf{J}$ est isotrope, car on a $\mathbf{JJ}^T = \lambda\mathbf{I}$ avec $\lambda = 5/3$. Les vecteurs colonnes de $\mathbf{J}$ sont représentés dans la figure 3.4. La matrice jacobienne $\mathbf{J}$ d'un manipulateur série sphérique ayant n articulations est $\mathbf{J} = [\mathbf{e}_1\ \mathbf{e}_2\ ...\ \mathbf{e}_n]$ où $\mathbf{e}_i$ est le vecteur unitaire indiquant la direction de l'axe de la $i^{ème}$ articulation. La relation cinématique entre la vitesse angulaire $\boldsymbol{\omega}$ de l'effecteur et le vecteur $\dot{\boldsymbol{\theta}} = [\dot{\theta}_1\ \dot{\theta}_2\ ...\ \dot{\theta}_n]^T$ est $\mathbf{J}\dot{\boldsymbol{\theta}} = \boldsymbol{\omega}$.

3.3.1 Formulation et résolution algébrique du problème

Le problème consiste à trouver des ensembles de vecteurs $E_5 = \{\mathbf{e}_1, \mathbf{e}_2, \mathbf{e}_3, \mathbf{e}_4, \mathbf{e}_5\}$ qui vérifient les conditions d'isotropie: $\mathbf{JJ}^T = (5/3)\mathbf{I}$ où $\mathbf{J} = [\mathbf{e}_1\ \mathbf{e}_2\ \mathbf{e}_3\ \mathbf{e}_4\ \mathbf{e}_5]$ et $\mathbf{I}_{3\times3}$ la matrice identité. Sans perte de généralité, nous prendrons $\mathbf{e}_1 = [1\ 0\ 0]^T$ comme vecteur unitaire de l'axe OX et $\mathbf{e}_2 = [c\ s\ 0]^T$ appartenant au plan (OX, OY), ce qui est toujours possible. Les vecteurs $\mathbf{e}_3 = [x\ y\ z]^T$, $\mathbf{e}_4 = [u\ v\ w]^T$ et $\mathbf{e}_5 = [a\ b\ d]^T$ étant quelconques, mais unitaires. Les conditions d'isotropie donnent le système algébrique suivant :

$$1 + c^2 + x^2 + u^2 + a^2 = 5/3$$
$$s^2 + y^2 + v^2 + b^2 = 5/3$$
$$z^2 + w^2 + d^2 = 5/3$$
$$cs + xy + uv + ab = 0$$
$$xz + uw + ad = 0 \qquad (3.5)$$
$$yz + vw + bd = 0$$
$$c^2 + s^2 = 1$$
$$x^2 + y^2 + z^2 = 1$$
$$u^2 + v^2 + w^2 = 1$$
$$a^2 + b^2 + d^2 = 1$$

À ce système il faut adjoindre 4 autres équations sans lesquelles il ne peut y avoir de parcours continu isotrope. En effet, dans un manipulateur nR sériel les angles entre deux axes de rotation de 2 articulations consécutives doivent rester constants. Sinon, nous n'avons plus affaire au même manipulateur. Par conséquent, le produit scalaire entre 2 vecteurs unitaires consécutifs quelconques de la jacobienne doit rester constant.

Ainsi, on doit avoir aussi le système suivant qu'il faut adjoindre au système précédent

$$c = k_1$$
$$cx + sy = k_2 \qquad (3.6)$$
$$xu + yv + zw = k_3$$
$$au + bv + dw = k_4$$

où k_1, k_2, k_3 et k_4 sont des constantes à déterminer.

On a alors un système de 14 équations à 15 inconnues. Ce système algébrique admet des solutions puisqu'il est sous-dimensionné. Mais, pour un parcours continu isotrope, il faut que les coordonnées du cinquième vecteur $e_5 = [a \ b \ d]^T$ ne soient pas toutes constantes et dépendent d'au moins une des autres coordonnées considérées alors comme variable de base. Le problème consiste à trouver des ensembles de vecteurs $F_5 = \{e_1, e_2, e_3, e_4, e_5\}$ qui vérifient les conditions d'isotropie: $\mathbf{JJ}^T = (5/3)\mathbf{I}$ où $\mathbf{J} = [e_1 \ e_2 \ e_3 \ e_4 \ e_5]$. Les conditions d'isotropie donnent le système algébrique non linéaire (3.5) et (3.6).

Pour simplifier la résolution, imposons $z^2 = w^2 = d^2$. Deux cas sont alors possibles: z, w et d sont égaux ou deux des trois variables sont égales et opposées à la troisième. Les résultats ne sont donc pas exhaustifs.

a) Cas $z = w = d$

Le système (3.5) devient alors

$$c^2 + 2x^2 + 2u^2 + 2ux = 2/3$$
$$s^2 + 2y^2 + 2v^2 + 2yv = 5/3$$
$$cs + xy + uv + (x+u)(y+v) = 0$$
$$c^2 + s^2 = 1 \qquad (3.7)$$
$$x^2 + y^2 = 4/9$$
$$u^2 + v^2 = 4/9$$
$$2ux + 2vy = -4/9$$

L'équation (3.7 a) est redondante, car elle découle des autres. De l'équation (3.7 g) on tire

$$u = -\frac{1}{x}(\frac{2}{9} + vy)$$

et en le remplaçant dans les autres équations, on en déduit le système suivant :

$$s^2 + 2y^2 + 2v^2 + 2yv = 5/3$$

$$cs + xy - (2v/x)((2/9) + vy) + xy + xv - (y/x)((2/9) + vy) = 0$$

$$c^2 + s^2 = 1 \tag{3.8}$$

$$x^2 + y^2 = 4/9$$

$$x^2v^2 + ((2/9) + vy)^2 = 4x^2/9$$

De l'équation (3.8 d), on tire $x^2 = 4/9 - y^2$ et en remplaçant x^2 dans l'équation (3.8 e), on tire

$$y^2 + vy + (v^2 - 1/3) = 0 \tag{3.9}$$

De (3.9) on tire

$$y = -v/2 \pm (\sqrt{3}/6)\sqrt{4 - 9v^2}$$

et

$$u^2 + v^2 = 4/9 \Longrightarrow u = \pm(1/3)\sqrt{4 - 9v^2}$$

On obtient 4 cas possibles pour le couple (y , v)

Cas où $\quad y = -v/2 + (\sqrt{3}/6)\sqrt{4 - 9v^2} \quad$ et $\quad u = \sqrt{4 - 9x^2}/3$

$$ux + vy = -2/9 \Longrightarrow x = -(1/u)((2/9) + vy) = -(1/\sqrt{4 - 9v^2})((2/3) + 3vy)$$

d'où

$$x = -\sqrt{3}v/2 - \sqrt{4 - 9v^2}/6$$

Comme $a = -x - u$ et $b = -y - v,$ on a alors

$$a = \sqrt{3}v/2 - \sqrt{4 - 9v^2}/6 \qquad et \qquad b = -v/2 - \sqrt{3}\sqrt{4 - 9v^2}/6$$

En remplaçant y dans l'équation (3.8 a), on obtient $s^2 = 1$ ce qui implique $c = 0$. L'équation $cs + xy + uv + ab = 0$ est alors induite par les résultats obtenus. Les 2 valeurs possibles de $s = \pm 1$ nous fournissent dans ce cas 2 matrices jacobiennes $J_1(v)$ et $J_{-1}(v)$ induisant l'isotropie.

Les équations $z^2 + w^2 + d^2 = 5/3$ et $z = d = w$ impliquent $z = d = w = \pm\sqrt{5}/3$. On a

$$\mathbf{J}_{\pm 1}(v) = \begin{bmatrix} 1 & 0 & -\frac{\sqrt{3}v}{2} - \frac{1}{6}\sqrt{4-9v^2} & \frac{\sqrt{3}v}{2} - \frac{1}{6}\sqrt{4-9v^2} & \sqrt{4-9v^2}/3 \\ 0 & \pm 1 & -\frac{v}{2} + \frac{\sqrt{3}}{6}\sqrt{4-9v^2} & -\frac{v}{2} - \frac{\sqrt{3}}{6}\sqrt{4-9v^2} & v \\ 0 & 0 & \sqrt{5}/3 & \sqrt{5}/3 & \sqrt{5}/3 \end{bmatrix}$$

et

$$\mathbf{J}'_{\pm 1}(v) = \begin{bmatrix} 1 & 0 & -\frac{\sqrt{3}v}{2} - \frac{1}{6}\sqrt{4-9v^2} & \frac{\sqrt{3}v}{2} - \frac{1}{6}\sqrt{4-9v^2} & \sqrt{4-9v^2}/3 \\ 0 & \pm 1 & -\frac{v}{2} + \frac{\sqrt{3}}{6}\sqrt{4-9v^2} & -\frac{v}{2} - \frac{\sqrt{3}}{6}\sqrt{4-9v^2} & v \\ 0 & 0 & -\sqrt{5}/3 & -\sqrt{5}/3 & -\sqrt{5}/3 \end{bmatrix}$$

Dans $\mathbf{J}_{-1}(v)$ et $\mathbf{J}'_{-1}(v)$ le vecteur $e_2 = [0 \ \ 1 \ \ 0]^T$ de $\mathbf{J}_1(v)$ est remplacé par $e'_2 = [0 \ \ -1 \ \ 0]^T$, ce qui revient simplement à remplacer le point correspondant par son antipodal.

Les 3 autres cas sont numérotés de 2 à 4 dans la table 3.2 fournissent des résultats similaires et 4 autres matrices jacobiennes tel que résumé dans la table 3.2. Dans tous les cas nous avons $\mathbf{J}(v)\mathbf{J}^T(v) = (5/3)\mathbf{I}_{3\times 3}$.

b) Cas $z = d = -w$

Le système (3.5) devient alors

$$s^2 + 2y^2 + 2v^2 - 2yv = 5/3$$
$$cs + xy + uv + (u-x)(v-y) = 0$$
$$c^2 + s^2 = 1 \qquad (3.10)$$
$$x^2 + y^2 = 4/9$$
$$u^2 + v^2 = 4/9$$
$$ux + vy = 2/9$$

De l'équation (3.10 f), on tire

$$u = (1/x)((2/9) - vy)$$

et en remplaçant u dans l'équation (3.10 e), on aboutit à $y^2 - vy + v^2 - 1/3 = 0$ qui donne

$$y = v/2 \pm (\sqrt{3}/6)\sqrt{4 - 9v^2}$$

$$u^2 + v^2 = 4/9 \implies u = \pm\sqrt{4 - 9v^2}/3$$

On obtient 4 cas possibles pour le couple $(y\,,\,v)$

Cas où $\quad y = v/2 + \sqrt{3}\sqrt{4 - 9v^2}/6 \quad$ et $\quad u = \sqrt{4 - 9v^2}/3$

$$ux + vy = 2/9 \implies x = (1/u)((2/9) - vy)$$

$$x = (1/\sqrt{4 - 9v^2})((2/3) - 3vy)$$

d'où

$$x = -\sqrt{3}v/2 + \sqrt{4 - 9v^2}/6$$

Comme $a = -x + u$ et $b = -y + v$, on a alors

$$a = \sqrt{3}v/2 + \sqrt{4 - 9v^2}/6 \quad et \quad b = v/2 - \sqrt{3}\sqrt{4 - 9v^2}/6$$

Puis, en remplaçant y dans l'équation (3.10 a), on obtient $s^2 = 1$ ce qui implique $c = 0$. L'équation $cs + xy + uv + ab = 0$ est alors induite par les résultats obtenus. Les 2 valeurs possibles de $s = \pm 1$ nous fournissent dans ce cas 2 matrices jacobiennes $J_1(v)$ et $J_{-1}(v)$ induisant l'isotropie.

Les équations $\quad z^2 + w^2 + d^2 = 5/3 \quad$ et $\quad z = d = -w \quad$ impliquent

$$(z = d = \sqrt{5}/3 \text{ et } w = -\sqrt{5}/3) \quad \text{ou} \quad (z = d = -\sqrt{5}/3 \text{ et } w = \sqrt{5}/3)$$

Ce qui donne

$$\mathbf{J}_{\pm 1}(v) = \begin{bmatrix} 1 & 0 & -\frac{\sqrt{3}v}{2} + \frac{1}{6}\sqrt{4 - 9v^2} & \frac{\sqrt{3}v}{2} + \frac{1}{6}\sqrt{4 - 9v^2} & \sqrt{4 - 9v^2}/3 \\ 0 & \pm 1 & \frac{v}{2} + \frac{\sqrt{3}}{6}\sqrt{4 - 9v^2} & \frac{v}{2} - \frac{\sqrt{3}}{6}\sqrt{4 - 9v^2} & v \\ 0 & 0 & \sqrt{5}/3 & \sqrt{5}/3 & -\sqrt{5}/3 \end{bmatrix}$$

ou

$$\mathbf{J}'_{\pm 1}(v) = \begin{bmatrix} 1 & 0 & -\frac{\sqrt{3}v}{2} + \frac{1}{6}\sqrt{4 - 9v^2} & \frac{\sqrt{3}v}{2} + \frac{1}{6}\sqrt{4 - 9v^2} & \sqrt{4 - 9v^2}/3 \\ 0 & \pm 1 & \frac{v}{2} + \frac{\sqrt{3}}{6}\sqrt{4 - 9v^2} & \frac{v}{2} - \frac{\sqrt{3}}{6}\sqrt{4 - 9v^2} & v \\ 0 & 0 & -\sqrt{5}/3 & -\sqrt{5}/3 & \sqrt{5}/3 \end{bmatrix}$$

Dans $\mathbf{J}_{-1}(v)$ et $\mathbf{J}'_{-1}(v)$ le vecteur $e_2 = [0 \ \ 1 \ \ 0]^T$ de $\mathbf{J}_1(v)$ et $\mathbf{J}'_1(v)$ est remplacé par $e'_2 = [0 \ -1 \ \ 0]^T$, ce qui revient simplement à remplacer le point correspondant par son antipodal.

Les 3 autres cas numérotés de 6 à 8 de la table 3.2 fournissent des résultats similaires et 4 autres matrices jacobiennes telles que résumées dans la table 3.2. Dans tous les cas nous avons $\mathbf{J}(v)\mathbf{J}^T(v) = (5/3)\mathbf{I}_{3\times 3}$.

Cas	s	x	y	u	a	b
1	± 1	$-\frac{\sqrt{3}v}{2} - \frac{\sqrt{4-9x^2}}{6}$	$-\frac{v}{2} + \frac{\sqrt{3}\sqrt{4-9x^2}}{6}$	$\frac{\sqrt{4-9x^2}}{3}$	$-x-u$	$-y-v$
2	± 1	$\frac{\sqrt{3}v}{2} - \frac{\sqrt{4-9x^2}}{6}$	$-\frac{v}{2} - \frac{\sqrt{3}\sqrt{4-9x^2}}{6}$	$\frac{\sqrt{4-9x^2}}{3}$	$-x-u$	$-y-v$
3	± 1	$\frac{\sqrt{3}v}{2} + \frac{\sqrt{4-9x^2}}{6}$	$-\frac{v}{2} + \frac{\sqrt{3}\sqrt{4-9x^2}}{6}$	$-\frac{\sqrt{4-9x^2}}{3}$	$-x-u$	$-y-v$
4	± 1	$-\frac{\sqrt{3}v}{2} + \frac{\sqrt{4-9x^2}}{6}$	$-\frac{v}{2} - \frac{\sqrt{3}\sqrt{4-9x^2}}{6}$	$-\frac{\sqrt{4-9x^2}}{3}$	$-x-u$	$-y-v$
5	± 1	$-\frac{\sqrt{3}v}{2} + \frac{\sqrt{4-9x^2}}{6}$	$\frac{v}{2} + \frac{\sqrt{3}\sqrt{4-9x^2}}{6}$	$\frac{\sqrt{4-9x^2}}{3}$	$-x+u$	$-y+v$
6	± 1	$\frac{\sqrt{3}v}{2} + \frac{\sqrt{4-9x^2}}{6}$	$\frac{v}{2} - \frac{\sqrt{3}\sqrt{4-9x^2}}{6}$	$\frac{\sqrt{4-9x^2}}{3}$	$-x+u$	$-y+v$
7	± 1	$\frac{\sqrt{3}v}{2} - \frac{\sqrt{4-9x^2}}{6}$	$\frac{v}{2} + \frac{\sqrt{3}\sqrt{4-9x^2}}{6}$	$-\frac{\sqrt{4-9x^2}}{3}$	$-x+u$	$-y+v$
8	± 1	$-\frac{\sqrt{3}v}{2} - \frac{\sqrt{4-9x^2}}{6}$	$\frac{v}{2} - \frac{\sqrt{3}\sqrt{4-9x^2}}{6}$	$-\frac{\sqrt{4-9x^2}}{3}$	$-x+u$	$-y+v$

Tableau 3.2 Les huit solutions de manipulateur 5R sphérique où $v \in [-\frac{2}{3}, \frac{2}{3}]$ et c, z, w et d calculés pour obtenir des vecteurs $\mathbf{e}_i$ unitaires.

c) Cas $z = w = -d$ **et** $w = d = -z$

Les cas $z = w = -d$ et $w = d = -z$ se traitent de la même manière que le cas $z = d = -w$.

Les résultats précédents imposent $v \in [-2/3; 2/3]$, pour les vecteurs $\mathbf{e}_1(v)$, $\mathbf{e}_2(v)$, $\mathbf{e}_3(v)$, $\mathbf{e}_4(v)$ et $\mathbf{e}_5(v)$, on a $\forall i \in \{1, 2, 3, 4, 5\}$ $\|\mathbf{e}_i(v)\| = 1$.

Avec la matrice $\mathbf{J}(v) = [\mathbf{e}_1 \ \mathbf{e}_2 \ \mathbf{e}_3 \ \mathbf{e}_4 \ \mathbf{e}_5]$, on a bien $\mathbf{J}(v)\mathbf{J}^T(v) = (5/3)\mathbf{I}$ $\forall v \in [-2/3; 2/3]$. Nous obtenons ainsi $\forall v \in [-2/3; 2/3]$ un ensemble isotrope de points dont les vecteurs position associés sont $\{\mathbf{e}_i(v)\}_{i=1}^{5}$. Il est possible de démontrer qu'aucun de ces ensembles isotropes ne se déduit d'un autre par une isométrie.

Pour chaque valeur de v, nous avons un manipulateur dont la jacobienne est donnée par (3.11). Par conséquent, il existe une infinité de manipulateurs 5R sphériques isotropes ayant chacun au moins une configuration isotrope.

3.3.2 Paramètres de Denavit-Hartenberg

Dans la table 3.3, nous avons les vecteurs directeurs $\mathbf{x}_i$ des axes X_i du manipulateur ayant pour jacobienne $\mathbf{J}(v)$ du cas 1.

$$\mathbf{J}(v) = \begin{bmatrix} 1 & 0 & u & x & a \\ 0 & 1 & v & y & b \\ 0 & 0 & w & z & d \end{bmatrix} = \begin{bmatrix} 1 & 0 & \frac{\sqrt{4-9v^2}}{3} & -\frac{v\sqrt{3}}{2} - \frac{1}{6}\sqrt{4-9v^2} & \frac{v\sqrt{3}}{2} - \sqrt{4-9v^2}/6 \\ 0 & 1 & v & -\frac{v}{2} + \frac{\sqrt{3}}{6}\sqrt{4-9v^2} & -\frac{v}{2} - \sqrt{3}\sqrt{4-9v^2}/6 \\ 0 & 0 & \sqrt{5}/3 & \sqrt{5}/3 & \sqrt{5}/3 \end{bmatrix} \tag{3.11}$$

$\mathbf{x}_2$	$\mathbf{x}_3$	$\mathbf{x}_4$	$\mathbf{x}_5$
0	$\sqrt{5}/3$	$\frac{v\sqrt{5}}{2} - \frac{\sqrt{15}\sqrt{4-9v^2}}{18}$	$\frac{\sqrt{15}\sqrt{4-9v^2}}{9}$
0	0	$-\frac{v\sqrt{15}}{6} - \frac{\sqrt{5}\sqrt{4-9v^2}}{6}$	$\frac{v\sqrt{15}}{3}$
1	$-\frac{\sqrt{4-9v^2}}{3}$	$\frac{2\sqrt{3}}{9}$	$\frac{2\sqrt{3}}{9}$

Tableau 3.3 Orientation des axes X_i

Les angles $\{\alpha_i\}_{i=1}^{4}$ obtenus sont fournis par la table 3.4.

i	1	2	3	4	5
α_i	$90°$	$arcos(v)$	$arcos(\frac{1}{3})$	$arcos(-\frac{1}{3})$	$*$

Tableau 3.4 Angles α_i

3.3.3 Espace de travail

L'infinité non dénombrable de positions isotropes trouvée précédemment nécessite pour chaque position un manipulateur 5R sphérique différent. En effet, sur la sphère unitaire, la géométrie d'un manipulateur sphérique est entièrement déterminée par la connaissance des angles α_i. Pour

$$\mathbf{J}(v) = \begin{bmatrix} 1 & 0 & \sqrt{4-9v^2}/3 & -v\sqrt{3}/2 - \sqrt{4-9v^2}/6 & -v\sqrt{3}/2 + \sqrt{4-9v^2}/6 \\ 0 & 1 & v & -v/2 + \sqrt{3}\sqrt{4-9v^2}/6 & v/2 + \sqrt{3}\sqrt{4-9v^2}/6 \\ 0 & 0 & \sqrt{5}/3 & \sqrt{5}/3 & -\sqrt{5}/3 \end{bmatrix}$$

en considérant tous les angles $\alpha_i \in [0, \pi]$, nous avons $\cos(\alpha_2)=\mathbf{e}_2^T\mathbf{e}_3$; ainsi l'angle α_2=arcos(v) est variable. Par conséquent pour chaque valeur de v nous avons un manipulateur différent. Quelque soit le réarrangement de l'ordre des vecteurs $\mathbf{e}_i(v)$ dans $\mathbf{J}$, il y aura toujours au moins un angle α_i qui sera fonction de la variable v. Ainsi, on ne pourra pas passer d'une position isotrope à une autre en utilisant le même manipulateur. Les positions de la dernière articulation des différents manipulateurs se situent sur un demi-cercle ayant pour hauteur $z = \pm\sqrt{5}/3$ selon les différentes matrices jacobiennes considérées. Notre étude n'a pas prouvé que toutes les orientations possibles pouvaient être prises par l'effecteur d'un manipulateur 5R sphérique dans une configuration isotrope. De ce fait, les configurations trouvées ne sont pas exhaustives, il existe très certainement d'autres infinités non dénombrables de telles configurations.

La résolution même partielle de ce système algébrique de 14 équations à 15 inconnues est complexe, les cas simples fournissent des parcours isotropes triviaux qui ne sont que des cercles, ou des arcs de cercle, obtenus par rotation autour de la première articulation.

Dans ce qui suit, nous utiliserons une méthode de résolution géométrique du problème qui nous permettra de démontrer qu'il n'existe pas de manipulateur 5R sphérique ayant un parcours isotrope continu, contrairement à une résolution algébrique trop complexe à mettre en oeuvre.

3.4 Formulation géométrique du problème

3.4.1 Manipulateurs 4R sphériques

La forme générale de la matrice jacobienne d'un manipulateur 4R sphérique est :

$$\mathbf{J} = \begin{bmatrix} 1 & c & u & x \\ 0 & s & v & y \\ 0 & 0 & w & z \end{bmatrix}$$

Considérons les 3 vecteurs ligne de la matrice $\mathbf{J}$. Les conditions d'isotropie impliquent

$$uw + xz = 0$$
$$vw + yz = 0 \tag{3.12}$$
$$cs + uv + xy = 0$$

Considérons dans $\mathbf{R}^3$ les vecteurs $\mathbf{f}_2 = [c \ u \ x]^T$, $\mathbf{f}_3 = [s \ v \ y)]^T$ et $\mathbf{f}_4 = [0 \ w \ z]^T$ représentants les 3 vecteurs lignes de la matrice $\mathbf{J}$ privés de la première colonne. D'après éqs.(3.12), les vecteurs $\mathbf{f}_2$, $\mathbf{f}_3$ et $\mathbf{f}_4$ sont toujours orthogonaux deux à deux.

Comme $\mathbf{f}_4$ a une composante nulle en x, on peut toujours par une certaine rotation d'angle θ autour de OX ramener le vecteur $\mathbf{f}_4$ sur $\mathbf{k} = [0 \ 0 \ 1]^T$. Puis par une rotation autour de OZ d'angle ξ ramener $\mathbf{f}_2$ et $\mathbf{f}_3$ respectivement sur $\mathbf{i} = [1 \ 0 \ 0]^T$ et $\mathbf{j} = [0 \ 1 \ 0]^T$.

Ainsi après la rotation autour de OX suivie de la rotation autour de OZ, la matrice $\mathbf{J}_1$ dont les colonnes sont les vecteurs $\{\mathbf{f}\}_{i=2}^4$.

$$\mathbf{J}_1 = [\mathbf{f}_2 \ \mathbf{f}_3 \ \mathbf{f}_4] = \begin{bmatrix} c & s & 0 \\ u & v & w \\ x & y & z \end{bmatrix} \quad \text{devient} \quad \mathbf{J}'_1 = \begin{bmatrix} a & 0 & 0 \\ 0 & b & 0 \\ 0 & 0 & d \end{bmatrix} \tag{3.13}$$

Comme les rotations conservent les normes, on a

$$a^2 = c^2 + u^2 + x^2 = \frac{1}{3}$$
$$b^2 = s^2 + v^2 + y^2 = \frac{4}{3} \tag{3.14}$$
$$d^2 = w^2 + z^2 = \frac{4}{3}$$

car les conditions d'isotropie imposent pour $n = 4$

$$1 + c^2 + u^2 + x^2 = \frac{n}{3} = \frac{4}{3}$$
$$s^2 + v^2 + y^2 = \frac{n}{3} = \frac{4}{3}$$
$$w^2 + z^2 = \frac{n}{3} = \frac{4}{3}$$

nous obtenons ainsi $a = \pm\sqrt{3}/3$, $b = \pm 2\sqrt{3}/3$ et $d = \pm 2\sqrt{3}/3$. Il y a ainsi en tout 8 cas de triplets possibles pour (a, b, d). La base formée par $(\mathbf{f_2}, \mathbf{f_3}, \mathbf{f_4})$ est soit directe soit indirecte, ce qui se ramène aux cas

$a = \sqrt{3}/3$, $b = 2\sqrt{3}/3$ et $d = 2\sqrt{3}/3$ ou $a = -\sqrt{3}/3$, $b = 2\sqrt{3}/3$ et $d = 2\sqrt{3}/3$.

Cas où $a = \sqrt{3}/3, b = 2\sqrt{3}/3$ **et** $d = 2\sqrt{3}/3$

En appliquant la rotation autour de OZ d'angle $-\xi$ suivie de la rotation autour de OX d'angle $-\theta$ à $\mathbf{J'}$ on retrouve alors la matrice initiale $\mathbf{J}$. La rotation d'angle $-\xi$ autour de OZ donne

$$\begin{bmatrix} \cos(\xi) & \sin(\xi) & 0 \\ -\sin(\xi) & \cos(\xi) & 0 \\ 0 & 0 & 1 \end{bmatrix} \begin{bmatrix} \sqrt{\frac{1}{3}} & 0 & 0 \\ 0 & \frac{2\sqrt{3}}{3} & 0 \\ 0 & 0 & \frac{2\sqrt{3}}{3} \end{bmatrix} = \begin{bmatrix} \sqrt{\frac{1}{3}}\cos(\xi) & \frac{2\sqrt{3}}{3}\sin(\xi) & 0 \\ -\sqrt{\frac{1}{3}}\sin(\xi) & \frac{2\sqrt{3}}{3}\cos(\xi) & 0 \\ 0 & 0 & \frac{2\sqrt{3}}{3} \end{bmatrix} \quad (3.15)$$

Puis la rotation d'angle $-\theta$ autour de OX donne

$$\begin{bmatrix} 1 & 0 & 0 \\ 0 & \cos(\theta) & \sin(\theta) \\ 0 & -\sin(\theta) & \cos(\theta) \end{bmatrix} \begin{bmatrix} \sqrt{\frac{1}{3}}\cos(\xi) & \frac{2\sqrt{3}}{3}\sin(\xi) & 0 \\ -\sqrt{\frac{1}{3}}\sin(\xi) & \frac{2\sqrt{3}}{3}\cos(\xi) & 0 \\ 0 & 0 & \frac{2\sqrt{3}}{3} \end{bmatrix} =$$

$$\begin{bmatrix} \sqrt{\frac{1}{3}}\cos(\xi) & \frac{2\sqrt{3}}{3}\sin(\xi) & 0 \\ -\sqrt{\frac{1}{3}}\sin(\xi)\cos(\theta) & \frac{2\sqrt{3}}{3}\cos(\xi)\cos(\theta) & \frac{2\sqrt{3}}{3}\sin(\theta) \\ \sqrt{\frac{1}{3}}\sin(\xi)\sin(\theta) & -\frac{2\sqrt{3}}{3}\cos(\xi)\sin(\theta) & \frac{2\sqrt{3}}{3}\cos(\theta) \end{bmatrix} \tag{3.16}$$

Nous obtenons ainsi la forme générale de la matrice jacobienne $\mathbf{J}$ d'un manipulateur 4R sphérique :

$$\mathbf{J} = \begin{bmatrix} 1 & \sqrt{\frac{1}{3}}\cos(\xi) & -\sqrt{\frac{1}{3}}\sin(\xi)\cos(\theta) & \sqrt{\frac{1}{3}}\sin(\xi)\sin(\theta) \\ 0 & \frac{2\sqrt{3}}{3}\sin(\xi) & \frac{2\sqrt{3}}{3}\cos(\xi)\cos(\theta) & -\frac{2\sqrt{3}}{3}\cos(\xi)\sin(\theta) \\ 0 & 0 & \frac{2\sqrt{3}}{3}\sin(\theta) & \frac{2\sqrt{3}}{3}\cos(\theta) \end{bmatrix} \tag{3.17}$$

Nous savons que la matrice $\mathbf{J}$ est isotrope puisqu'elle a été obtenue par rotation d'une matrice isotrope. Comme c'est la matrice jacobienne d'un manipulateur 4R sphérique alors on doit avoir la norme de chaque vecteur colonne de $\mathbf{J}$ égale à 1.

Le vecteur formé de la seconde colonne de de $\mathbf{J}$ doit être unitaire, d'où

$$\frac{1}{3}\cos^2(\xi) + \frac{4}{3}\sin^2(\xi) = 1 \quad \Longrightarrow \quad \cos^2(\xi) + 4\sin^2(\xi) = 3 \Longrightarrow \sin^2(\xi) = \frac{2}{3}$$

$$\Longrightarrow \cos^2(\xi) = \frac{1}{3}$$

Le troisième vecteur de $\mathbf{J}$ doit aussi être unitaire d'où

$$\frac{1}{3}\sin^2(\xi)\cos^2(\theta) + \frac{4}{3}\cos^2(\xi)\cos^2(\theta) + \frac{4}{3}\sin^2(\theta) = 1$$

$$\Longrightarrow \frac{2}{9}\cos^2(\theta) + \frac{4}{9}\cos^2(\theta) + \frac{4}{3}\sin^2(\theta) = 1$$

par conséquent

$$2\cos^2(\theta) + 4\sin^2(\theta) = 3 \quad \Longrightarrow \quad \sin^2(\theta) = \cos^2(\theta) = \frac{1}{2} \tag{3.18}$$

D'après ce qui précède, nous avons toujours

$$\sin^2(\theta) = \cos^2(\theta) = \tfrac{1}{2}$$
$$\sin^2(\xi) = \tfrac{2}{3} \quad \text{et} \quad \cos^2(\xi) = \tfrac{1}{3}$$

quelles que soient les valeurs prises par a, b et d, d'où

$$\sin(\theta) = \pm\tfrac{\sqrt{2}}{2} \quad \text{et} \quad \cos(\theta) = \pm\tfrac{\sqrt{2}}{2}$$
$$\sin(\xi) = \pm\tfrac{\sqrt{6}}{3} \quad \text{et} \quad \cos(\xi) = \pm\tfrac{\sqrt{3}}{3}$$

On peut alors obtenir toutes les valeurs possibles pour la matrice $\mathbf{J}$ en considérant les différents cas possibles pour $\sin(\theta)$, $\cos(\theta)$, $\sin(\xi)$ et $\cos(\xi)$, 16 cas en tout, puisque chacun d'entre eux peut prendre 2 valeurs, d'où 2^4 possibilités. Il n'existe par conséquent que 16 configurations isotropes différentes pour les manipulateurs 4R sphériques lorsque la base $(\mathbf{f}_2, \mathbf{f}_3, \mathbf{f}_4)$ est directe. Il en existe de même 16 configurations isotropes différentes pour les manipulateurs 4R sphériques lorsque la base $(\mathbf{f}_2, \mathbf{f}_3, \mathbf{f}_4)$ est indirecte. Ces 32 configurations sont énumérées dans la table 3.5. On retrouve ainsi les résultats obtenus par la méthode algébrique utilisée dans [18]. Dans tous les cas de la table 3.5, la matrice jacobienne dont les colonnes sont les vecteurs $\{\mathbf{e}_i\}_{i=1}^4$ est isotrope, donc l'ensemble $E_4 = \{\mathbf{e}_i\}_{i=1}^4$ est isotrope et le manipulateur associé à F_4 est isotrope.

3.4.2 Manipulateurs 5R sphériques

Comme mentionné précédemment, la forme générale de la matrice jacobienne d'un manipulateur 5R sphérique est :

$$\mathbf{J} = \begin{bmatrix} 1 & c & u & x & a \\ 0 & s & v & y & b \\ 0 & 0 & w & z & d \end{bmatrix} \tag{3.19}$$

Considérons $[1 \quad c \quad u \quad x \quad a]^T$, $[0 \quad s \quad v \quad y \quad b]^T$ et $[0 \quad 0 \quad w \quad z \quad d]^T$, 3 vecteurs ligne de la matrice $\mathbf{J}$. Les conditions d'isotropie impliquent

$$uw + xz + ab = 0$$
$$vw + yz + bd = 0 \qquad \qquad (3.20)$$
$$cs + uv + xy + ab = 0$$

Le produit scalaire entre le premier vecteur colonne et deuxième vecteur colonne de $\mathbf{J}$ doit être constant, car l'angle entre deux articulations successives du manipulateur doit être constant. Par conséquent, c doit être constant, ce qui implique que s est aussi constant puisque le vecteur $[c \quad s \quad 0]^T$ est unitaire, donc le terme $uv + xy + ab$ est constant.

Considérons dans $\mathbf{R}^3$, dans l'état initial, les vecteurs $\mathbf{f}_3 = [u \quad x \quad a]^T$, $\mathbf{f}_4 = [v \quad y \quad b]^T$ et $\mathbf{f}_5 = [w \quad z \quad d]^T$ qui ne sont pas nécessairement unitaires. D'après ce qui précède, les vecteurs $\mathbf{e}_3$ et $\mathbf{e}_5$ sont toujours orthogonaux, et les vecteurs $\mathbf{e}_4$ et $\mathbf{e}_5$ aussi. Les vecteurs $\mathbf{e}_3$ et $\mathbf{e}_4$ gardent toujours un angle constant entre eux.

Il est toujours possible par rotation de ramener le vecteur $\mathbf{f}_5$ sur $\mathbf{k} = [0 \quad 0 \quad 1]^T$, il existe donc une rotation $\mathbf{R}$ telle que $\mathbf{R}(\mathbf{f}_5) = [0 \quad 0 \quad 5/3]^T$ car la rotation conserve la norme euclidienne. Comme $\mathbf{f}_3$ et $\mathbf{f}_4$ sont orthogonaux à $\mathbf{f}_5$ on a

$$\mathbf{R}(\mathbf{f}_5) = [0 \quad 0 \quad \frac{5}{3}]^T$$
$$\mathbf{R}(\mathbf{f}_3) = [g' \quad h' \quad 0]^T \qquad \qquad (3.21)$$
$$\mathbf{R}(\mathbf{f}_4) = [r' \quad t' \quad 0]^T$$

avec $r'g' + h't' = -cs$, car les rotations conservent les angles. La rotation $\mathbf{R}$ peut être décomposée en une rotation autour de l'axe OX, d'un certain angle φ, suivie d'une rotation autour de l'axe OY d'un certain angle ξ. Soit

$$\mathbf{M} = \begin{bmatrix} u & v & w \\ x & y & z \\ a & b & d \end{bmatrix} \tag{3.22}$$

On a alors

$$\mathbf{R}(\mathbf{M}) = \mathbf{M}' = \begin{bmatrix} g' & r' & 0 \\ h' & t' & 0 \\ 0 & 0 & \sqrt{\frac{5}{3}} \end{bmatrix} \tag{3.23}$$

Les vecteurs $\mathbf{f}_3' = [g' \ h' \ 0]^T$ et $\mathbf{f}_4' = [r' \ t' \ 0]^T$ sont des vecteurs du plan (OX,OY), il existe une rotation S d'angle θ autour de OZ qui permet d'avoir

$$\mathbf{S}(\mathbf{f}_3') = \mathbf{f}_3'' = [g \ 0 \ 0]^T$$
$$\mathbf{S}(\mathbf{f}_4') = \mathbf{f}_4'' = [r \ t \ 0]^T$$

On a alors

$$\mathbf{S}(\mathbf{M}') = \mathbf{M}'' = \begin{bmatrix} g & r & 0 \\ 0 & t & 0 \\ 0 & 0 & \sqrt{\frac{5}{3}} \end{bmatrix} \tag{3.24}$$

Les rotations conservent la norme euclidienne, donc

$$g^2 = \frac{2}{3} - c^2$$

$$r^2 + t^2 = \frac{5}{3} - s^2 = \frac{5}{3} - (1 - c^2) = \frac{2}{3} + c^2$$

Pour retrouver l'état initial, effectuons les rotations inverses de celles déjà effectuées. La rotation d'angle $-\theta$ autour de OZ donne

$$
\begin{bmatrix} \cos(\theta) & \sin(\theta) & 0 \\ -\sin(\theta) & \cos(\theta) & 0 \\ 0 & 0 & 1 \end{bmatrix} \begin{bmatrix} g & r & 0 \\ 0 & t & 0 \\ 0 & 0 & \sqrt{\frac{5}{3}} \end{bmatrix} =
$$

$$
\begin{bmatrix} g\,\cos(\theta) & r\,\cos(\theta) + t\,\sin(\theta) & 0 \\ -g\,\sin(\theta) & -r\,\sin(\theta) + t\,\cos(\theta) & 0 \\ 0 & 0 & \sqrt{\frac{5}{3}} \end{bmatrix} = \mathbf{M}' \tag{3.25}
$$

Puis effectuons la rotation d'angle $-\xi$ autour de OY

$$
\begin{bmatrix} \cos(\xi) & 0 & -\sin(\xi) \\ 0 & 1 & 0 \\ \sin(\xi) & 0 & \cos(\xi) \end{bmatrix} \mathbf{M}' =
$$

$$
\begin{bmatrix} g\,\cos(\theta)\cos(\xi) & \cos(\xi)(r\,\cos(\theta)+t\,\sin(\theta)) & -\sqrt{\frac{5}{3}}\sin(\xi) \\ -g\,\sin(\theta) & -r\,\sin(\theta)+t\,\cos(\theta) & 0 \\ g\,\cos(\theta)\sin(\xi) & \sin(\xi)(r\,\cos(\theta)+t\,\sin(\theta)) & \sqrt{\frac{5}{3}}\cos(\xi) \end{bmatrix} = \mathbf{M}_1 \tag{3.26}
$$

suivie de la rotation d'angle $-\varphi$ autour de OX

$$
\begin{bmatrix} 1 & 0 & 0 \\ 0 & \cos(\varphi) & \sin(\varphi) \\ 0 & -\sin(\varphi) & \cos(\varphi) \end{bmatrix} \mathbf{M}_1 = \mathbf{M} \tag{3.27}
$$

Nous obtenons la matrice M dont les 3 colonnes sont $\{\mathbf{m}_{*i}\}_{i=1}^{3}$

$$
\mathbf{M} = [\mathbf{m}_{*1} \quad \mathbf{m}_{*2} \quad \mathbf{m}_{*3}]
$$

avec

$$\mathbf{m}_{*1} = \begin{bmatrix} g \, \cos(\theta)\cos(\xi) \\ -g \, \sin(\theta)\cos(\varphi) + g \, \cos(\theta)\sin(\xi)\sin(\varphi) \\ g \, \sin(\theta)\sin(\varphi) + g \, \cos(\theta)\sin(\xi)\cos(\varphi) \end{bmatrix}$$

$$\mathbf{m}_{*2} = \begin{bmatrix} \cos(\xi)(r \, \cos(\theta) + t \, \sin(\theta)) \\ \cos(\varphi)(-r \, \sin(\theta) + t \, \cos(\theta)) + \sin(\varphi)\sin(\xi)(r \, \cos(\theta) + t \, \sin(\theta)) \\ -\sin(\varphi)(-r \, \sin(\theta) + t \, \cos(\theta)) + \cos(\varphi)\sin(\xi)(r \, \cos(\theta) + t \, \sin(\theta)) \end{bmatrix}$$

$$\mathbf{m}_{*3} = \begin{bmatrix} -\sqrt{\tfrac{5}{3}}\sin(\xi) \\ \sqrt{\tfrac{5}{3}}\cos(\xi)\sin(\varphi) \\ \sqrt{\tfrac{5}{3}}\cos(\xi)\cos(\varphi) \end{bmatrix}$$

La transposée de $\mathbf{M}$ fournit les 3 derniers vecteurs de la matrice jacobienne $\mathbf{J}$ dont les colonnes s'écrivent alors

$$\begin{bmatrix} 1 \\ 0 \\ 0 \end{bmatrix}, \quad \begin{bmatrix} c \\ s \\ 0 \end{bmatrix}, \quad \begin{bmatrix} g \, \cos(\theta)\cos(\xi) \\ \cos(\xi)(r \, \cos(\theta) + t \, \sin(\theta)) \\ -\sqrt{\tfrac{5}{3}}\sin(\xi) \end{bmatrix},$$

$$\begin{bmatrix} -g \, \sin(\theta)\cos(\varphi) + g \, \cos(\theta)\sin(\xi)\sin(\varphi) \\ \cos(\varphi)(-r \, \sin(\theta) + t \, \cos(\theta)) + \sin(\varphi)\sin(\xi)(r \, \cos(\theta) + t \, \sin(\theta)) \\ \sqrt{\tfrac{5}{3}}\cos(\xi)\sin(\varphi) \end{bmatrix},$$

$$\text{et } \begin{bmatrix} g \, \sin(\theta)\sin(\varphi) + g \, \cos(\theta)\sin(\xi)\cos(\varphi) \\ -\sin(\varphi)(-r \, \sin(\theta) + t \, \cos(\theta)) + \cos(\varphi)\sin(\xi)(r \, \cos(\theta) + t \, \sin(\theta)) \\ \sqrt{\tfrac{5}{3}}\cos(\xi)\cos(\varphi) \end{bmatrix}$$

La matrice $\mathbf{J}$ est isotrope puisqu'elle est obtenue à partir d'une matrice isotrope ayant subie des rotations. Il est aisé de vérifier l'isotropie de $\mathbf{J}$. C'est la forme la plus générale d'une matrice jacobienne d'un manipulateur 5R sphérique à condition d'avoir ses vecteurs colonnes unitaires.

Pour obtenir un manipulateur sphérique ayant un parcours isotrope continu, il est nécessaire que les angles entre 2 articulations consécutives soient constants sur tout le parcours. Donc, les produits scalaires entre 2 vecteurs consécutifs de la matrice $\mathbf{J}$ doivent être constants.

Posons $\mathbf{J} = [\mathbf{e}_1 \ \mathbf{e}_2 \ \mathbf{e}_3 \ \mathbf{e}_4 \ \mathbf{e}_5]$.

Soit λ l'angle constant entre les vecteurs $\mathbf{e}_3'' = [g \ 0 \ 0]^T$ et $\mathbf{e}_4'' = [r \ t \ 0]^T$, on a

$$\cos(\lambda) = \cos(\widehat{\mathbf{e}_3'', \mathbf{e}_4''}) = \frac{rg}{\|\mathbf{e}_3''\| \ \|\mathbf{e}_4''\|} \tag{3.28}$$

d'où

$$\cos^2(\lambda)(\frac{2}{3} + c^2) = r^2$$
$$\sin^2(\lambda)(\frac{2}{3} + c^2) = t^2 \tag{3.29}$$
$$(\frac{2}{3} - c^2) = g^2$$

Puisque c est constant donc r^2, t^2 et g^2 sont constants.
On en déduit que

$$r^2 + t^2 + g^2 = \frac{4}{3}$$

Les produits scalaires

$$\mathbf{e}_1^T \mathbf{e}_2 = c$$
$$\mathbf{e}_2^T \mathbf{e}_3 = \cos(\xi)(g \ c \ \cos(\theta) + r \ s \ \cos(\theta) + t \ s \ \sin(\theta)) = k_2$$

sont constants.

c étant constant et $\mathbf{e}_2$ étant normé, on a donc $c^2 + s^2 = 1$ qui fournit 2 valeurs de s.

Le vecteur e_3 est unitaire donc

$$g^2 \cos^2(\theta) \cos^2(\xi) + \cos^2(\xi)(r^2 \cos^2(\theta) + t^2 \sin^2(\theta) + 2r\,t\,\cos(\theta)\sin(\theta)) + \frac{5}{3}\sin^2(\xi) = 1 \quad (3.30)$$

Ce qui implique

$$\cos^2(\xi)((g^2 + r^2 - t^2)\cos^2(\theta) + t^2 + 2r\,t\,\sin(\theta)\cos(\theta) - \frac{5}{3}) = -\frac{2}{3} \quad (3.31)$$

d'où

$$-\frac{3k_2^2}{2}\cos^2(\xi)((g^2 + r^2 - t^2)\cos^2(\theta) + t^2 + 2r\,t\,\sin(\theta)\cos(\theta) - \frac{5}{3}) = k_2^2 \quad (3.32)$$

On a aussi

$$\mathbf{e}_2^T \mathbf{e}_3 = \cos(\xi)(g\,c\,\cos(\theta) + r\,s\,\cos(\theta) + t\,s\,\sin(\theta)) = k_2$$

Ce qui implique

$$\cos^2(\xi)(g\,c\,\cos(\theta) + r\,s\,\cos(\theta) + t\,s\,\sin(\theta))^2 = k_2^2 \quad (3.33)$$

Par conséquent, on a en égalisant les premiers membres des équations (3.32) et (3.33)

$$\cos^2(\xi)((-\frac{3k_2^2}{2}((g^2 + r^2 - t^2)\cos^2(\theta) + t^2 + 2r\,t\,\sin(\theta)\cos(\theta) - \frac{5}{3}))$$

$$+(g\,c\,\cos(\theta) + r\,s\,\cos(\theta) + t\,s\,\sin(\theta))^2) = 0 \quad (3.34)$$

On ne peut avoir $\cos^2(\xi) = 0$ car $\| \mathbf{e}_3 \| = 1$.

Dans l'équation (3.34), g, r et t sont constants, donc l'équation (3.34) peut s'écrire sous la forme

$$a'\,\cos^2(\theta) + b'\,\sin(\theta)\cos(\theta) - c' = 0 \quad (3.35)$$

où a', b', c' et d' sont des constantes, car uniquement fonction de g, r, t, c et s qui sont des constantes.

L'équation (3.35) au plus admet un nombre fini de solutions qui sont les intersections entre la courbe d'équation

$$y = a' \, \cos^2(\theta) + b' \, \sin(\theta) \cos(\theta)$$

et la droite d'équation

$$y = c'$$

dans le plan (θ, y) avec $\theta \in [0, 2\pi]$ voir figure 3.7

De (3.32), on déduit au plus quatre valeurs de ξ dans $[0, 2\pi]$ pour toute valeur de θ. Il existe donc pour un manipulateur 5R isotrope donné au plus un nombre fini de couples solutions (θ, ξ).

Nous avons $\| \mathbf{e}_4 \| = 1$, cette équation ne contient que φ en tant qu'inconnue, θ et ξ étant déjà déterminées.

En effet, le vecteur $\mathbf{e}_4$ peut s'écrire sous la forme suivante :

$$\mathbf{e}_4^T = [a_0 \, \cos(\varphi) + b_0 \, \sin(\varphi) \quad c_0 \, \cos(\varphi) + d_0 \, \sin(\varphi) \quad e_0 \, \sin(\varphi)]$$

où a_0, b_0, c_0, d_0 et e_0 sont des constantes.

$\| \mathbf{e}_4 \| = 1$ s'écrit alors sous la forme

$$a_1 \, \cos^2(\varphi) + b_1 \, \cos(\varphi) \sin(\varphi) = c_1 \tag{3.36}$$

où a_1, b_1 et c_1 sont constants, car uniquement fonctions des constantes a_0, b_0, c_0, d_0 et e_0.

L'équation (3.36) admet au plus un nombre fini de solutions φ dans $[0, 2\pi]$, comme on peut le voir sur l'exemple de la figure 3.7. Il existe donc au plus un nombre fini de solutions φ pour chaque couple solutions (θ, ξ). Par conséquent, il n'existe au plus qu'un nombre fini de triplets (θ, ξ, φ) solutions pour que la matrice $\mathbf{J}$, dont les colonnes sont les vecteurs $\{\mathbf{e}_i\}_{i=1}^{5}$, soit isotrope. Dans tous ces cas, l'ensemble $E_5 = \{\mathbf{e}_i\}_{i=1}^{5}$ est isotrope et le manipulateur associé à F_5 est isotrope. Ainsi, pour un manipulateur 5R sphérique, il n'existe qu'un nombre fini de configurations isotropes. Nous savons qu'il existe une infinité non dénombrable de configurations isotropes pour les manipulateurs 5R sphériques [40], nous déduisons alors de ce qui précède qu'il existe une infinité de manipulateurs 5R sphériques ayant des configurations isotropes et que ceux-ci ne peuvent avoir de parcours isotrope continu puisqu'un même manipulateur 5R sphérique ne peut avoir qu'un nombre fini de configurations isotropes.

3.5 Conclusion

Nous avons prouvé qu'il existe une infinité non dénombrable de manipulateurs 5R sphé-riques isotropes dont nous avons donné la formulation générale de la matrice jacobienne. Puis, nous avons confirmé par une méthode géométrique le résultat de Chablat et Angeles, à savoir qu'il n'existe que 32 configurations isotropes pour les manipulateurs 4R sphériques, mais il n'y a que 4 configurations isotropes pour un même manipulateur 4R sphérique donné. Avec la même méthode géométrique, nous avons aussi démontré qu'un manipulateur 5R sphérique donné ne peut avoir qu'un nombre fini de configurations isotropes, par conséquent il ne peut avoir de parcours continu isotrope. La méthode que nous avons utilisée pour obtenir ce résultat a permis la résolution du problème, résolution qui n'a pas pu être obtenue par une méthode algébrique trop complexe à mettre en oeuvre avec l'ajout d'une cinquième articulation.

69

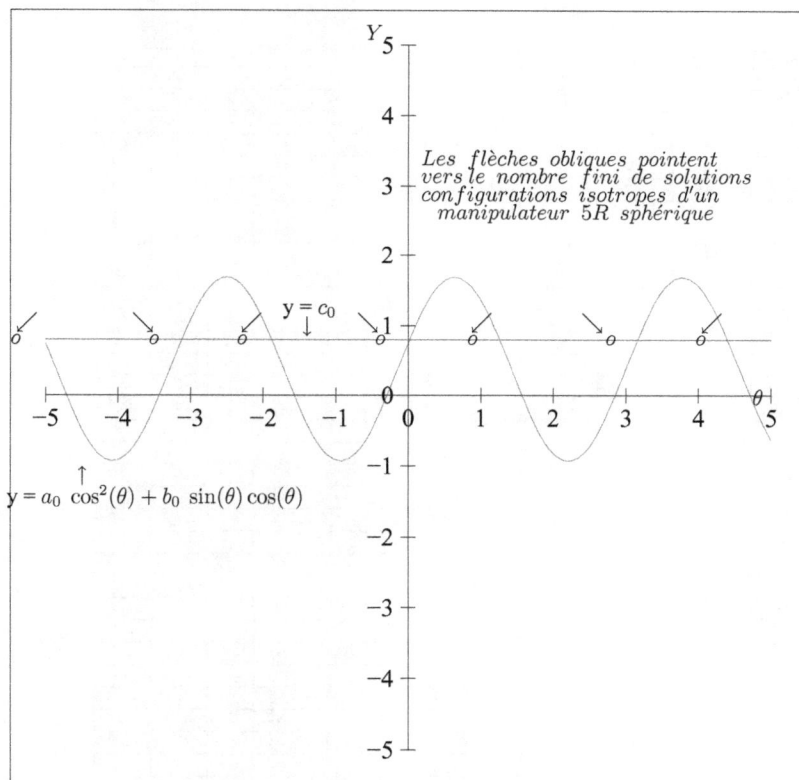

Figure 3.7 Nombre fini de configurations isotropes pour un manipulateur 5R sphérique avec $a_0 = 0.75$, $b_0 = 2.5$ et $c_0 = 0.8$.

n	$\sin(\theta)$	$\cos(\theta)$	$\sin(\xi)$	$\cos(\xi)$	c	s	x	y	z	u	v	w
1	$\frac{\sqrt{2}}{2}$	$\frac{\sqrt{2}}{2}$	$\frac{\sqrt{6}}{3}$	$\frac{\sqrt{3}}{3}$	$\frac{1}{3}$	$\frac{2\sqrt{2}}{3}$	$-\frac{1}{3}$	$\frac{\sqrt{2}}{3}$	$\frac{\sqrt{6}}{3}$	$\frac{1}{3}$	$-\frac{\sqrt{2}}{3}$	$\frac{\sqrt{6}}{3}$
2	$\frac{\sqrt{2}}{2}$	$\frac{\sqrt{2}}{2}$	$\frac{\sqrt{6}}{3}$	$-\frac{\sqrt{3}}{3}$	$-\frac{1}{3}$	$\frac{2\sqrt{2}}{3}$	$-\frac{1}{3}$	$-\frac{\sqrt{2}}{3}$	$\frac{\sqrt{6}}{3}$	$\frac{1}{3}$	$\frac{\sqrt{2}}{3}$	$\frac{\sqrt{6}}{3}$
3	$\frac{\sqrt{2}}{2}$	$\frac{\sqrt{2}}{2}$	$-\frac{\sqrt{6}}{3}$	$\frac{\sqrt{3}}{3}$	$\frac{1}{3}$	$-\frac{2\sqrt{2}}{3}$	$\frac{1}{3}$	$\frac{\sqrt{2}}{3}$	$\frac{\sqrt{6}}{3}$	$-\frac{1}{3}$	$\frac{\sqrt{2}}{3}$	$-\frac{\sqrt{6}}{3}$
4	$\frac{\sqrt{2}}{2}$	$\frac{\sqrt{2}}{2}$	$-\frac{\sqrt{6}}{3}$	$-\frac{\sqrt{3}}{3}$	$-\frac{1}{3}$	$-\frac{\sqrt{2}}{3}$	$\frac{1}{3}$	$-\frac{\sqrt{2}}{3}$	$\frac{\sqrt{6}}{3}$	$-\frac{1}{3}$	$\frac{\sqrt{2}}{3}$	$\frac{\sqrt{6}}{3}$
5	$\frac{\sqrt{2}}{2}$	$-\frac{\sqrt{2}}{2}$	$\frac{\sqrt{6}}{3}$	$\frac{\sqrt{3}}{3}$	$\frac{1}{3}$	$\frac{2\sqrt{2}}{3}$	$\frac{1}{3}$	$-\frac{\sqrt{2}}{3}$	$\frac{\sqrt{6}}{3}$	$\frac{1}{3}$	$-\frac{\sqrt{2}}{3}$	$-\frac{\sqrt{6}}{3}$
6	$\frac{\sqrt{2}}{2}$	$-\frac{\sqrt{2}}{2}$	$\frac{\sqrt{6}}{3}$	$-\frac{\sqrt{3}}{3}$	$-\frac{1}{3}$	$\frac{2\sqrt{2}}{3}$	$\frac{1}{3}$	$\frac{\sqrt{2}}{3}$	$\frac{\sqrt{6}}{3}$	$\frac{1}{3}$	$\frac{\sqrt{2}}{3}$	$-\frac{\sqrt{6}}{3}$
7	$\frac{\sqrt{2}}{2}$	$-\frac{\sqrt{2}}{2}$	$-\frac{\sqrt{6}}{3}$	$\frac{\sqrt{3}}{3}$	$\frac{1}{3}$	$-\frac{2\sqrt{2}}{3}$	$-\frac{1}{3}$	$-\frac{\sqrt{2}}{3}$	$\frac{\sqrt{6}}{3}$	$-\frac{1}{3}$	$-\frac{\sqrt{2}}{3}$	$-\frac{\sqrt{6}}{3}$
8	$\frac{\sqrt{2}}{2}$	$-\frac{\sqrt{2}}{2}$	$-\frac{\sqrt{6}}{3}$	$-\frac{\sqrt{3}}{3}$	$-\frac{1}{3}$	$-\frac{2\sqrt{2}}{3}$	$-\frac{1}{3}$	$\frac{\sqrt{2}}{3}$	$\frac{\sqrt{6}}{3}$	$-\frac{1}{3}$	$\frac{\sqrt{2}}{3}$	$-\frac{\sqrt{6}}{3}$
9	$-\frac{\sqrt{2}}{2}$	$\frac{\sqrt{2}}{2}$	$\frac{\sqrt{6}}{3}$	$\frac{\sqrt{3}}{3}$	$\frac{1}{3}$	$\frac{2\sqrt{2}}{3}$	$-\frac{1}{3}$	$\frac{\sqrt{2}}{3}$	$-\frac{\sqrt{6}}{3}$	$-\frac{1}{3}$	$-\frac{\sqrt{2}}{3}$	$\frac{\sqrt{6}}{3}$
10	$-\frac{\sqrt{2}}{2}$	$\frac{\sqrt{2}}{2}$	$\frac{\sqrt{6}}{3}$	$-\frac{\sqrt{3}}{3}$	$-\frac{1}{3}$	$\frac{2\sqrt{2}}{3}$	$-\frac{1}{3}$	$-\frac{\sqrt{2}}{3}$	$-\frac{\sqrt{6}}{3}$	$-\frac{1}{3}$	$\frac{\sqrt{2}}{3}$	$\frac{\sqrt{6}}{3}$
11	$-\frac{\sqrt{2}}{2}$	$\frac{\sqrt{2}}{2}$	$-\frac{\sqrt{6}}{3}$	$\frac{\sqrt{3}}{3}$	$\frac{1}{3}$	$-\frac{2\sqrt{2}}{3}$	$\frac{1}{3}$	$\frac{\sqrt{2}}{3}$	$-\frac{\sqrt{6}}{3}$	$\frac{1}{3}$	$\frac{\sqrt{2}}{3}$	$\frac{\sqrt{6}}{3}$
12	$-\frac{\sqrt{2}}{2}$	$\frac{\sqrt{2}}{2}$	$-\frac{\sqrt{6}}{3}$	$-\frac{\sqrt{3}}{3}$	$-\frac{1}{3}$	$-\frac{2\sqrt{2}}{3}$	$\frac{1}{3}$	$-\frac{\sqrt{2}}{3}$	$-\frac{\sqrt{6}}{3}$	$\frac{1}{3}$	$-\frac{\sqrt{2}}{3}$	$\frac{\sqrt{6}}{3}$
13	$-\frac{\sqrt{2}}{2}$	$\frac{\sqrt{2}}{2}$	$\frac{\sqrt{6}}{3}$	$\frac{\sqrt{3}}{3}$	$\frac{1}{3}$	$\frac{2\sqrt{2}}{3}$	$\frac{1}{3}$	$-\frac{\sqrt{2}}{3}$	$-\frac{\sqrt{6}}{3}$	$\frac{1}{3}$	$-\frac{\sqrt{2}}{3}$	$-\frac{\sqrt{6}}{3}$
14	$-\frac{\sqrt{2}}{2}$	$-\frac{\sqrt{2}}{2}$	$\frac{\sqrt{6}}{3}$	$-\frac{\sqrt{3}}{3}$	$-\frac{1}{3}$	$\frac{2\sqrt{2}}{3}$	$\frac{1}{3}$	$\frac{\sqrt{2}}{3}$	$-\frac{\sqrt{6}}{3}$	$\frac{1}{3}$	$\frac{\sqrt{2}}{3}$	$-\frac{\sqrt{6}}{3}$
15	$-\frac{\sqrt{2}}{2}$	$-\frac{\sqrt{2}}{2}$	$-\frac{\sqrt{6}}{3}$	$\frac{\sqrt{3}}{3}$	$\frac{1}{3}$	$-\frac{2\sqrt{2}}{3}$	$-\frac{1}{3}$	$-\frac{\sqrt{2}}{3}$	$-\frac{\sqrt{6}}{3}$	$-\frac{1}{3}$	$\frac{\sqrt{2}}{3}$	$-\frac{\sqrt{6}}{3}$
16	$-\frac{\sqrt{2}}{2}$	$-\frac{\sqrt{2}}{2}$	$-\frac{\sqrt{6}}{3}$	$-\frac{\sqrt{3}}{3}$	$-\frac{1}{3}$	$-\frac{2\sqrt{2}}{3}$	$-\frac{1}{3}$	$\frac{\sqrt{2}}{3}$	$-\frac{\sqrt{6}}{3}$	$\frac{1}{3}$	$-\frac{\sqrt{2}}{3}$	$-\frac{\sqrt{6}}{3}$
17	$\frac{\sqrt{2}}{2}$	$\frac{\sqrt{2}}{2}$	$\frac{\sqrt{6}}{3}$	$\frac{\sqrt{3}}{3}$	$-\frac{1}{3}$	$\frac{2\sqrt{2}}{3}$	$\frac{1}{3}$	$\frac{\sqrt{2}}{3}$	$\frac{\sqrt{6}}{3}$	$-\frac{1}{3}$	$-\frac{\sqrt{2}}{3}$	$\frac{\sqrt{6}}{3}$
18	$\frac{\sqrt{2}}{2}$	$\frac{\sqrt{2}}{2}$	$\frac{\sqrt{6}}{3}$	$-\frac{\sqrt{3}}{3}$	$\frac{1}{3}$	$\frac{2\sqrt{2}}{3}$	$\frac{1}{3}$	$-\frac{\sqrt{2}}{3}$	$\frac{\sqrt{6}}{3}$	$-\frac{1}{3}$	$\frac{\sqrt{2}}{3}$	$\frac{\sqrt{6}}{3}$
19	$\frac{\sqrt{2}}{2}$	$\frac{\sqrt{2}}{2}$	$-\frac{\sqrt{6}}{3}$	$\frac{\sqrt{3}}{3}$	$-\frac{1}{3}$	$-\frac{2\sqrt{2}}{3}$	$-\frac{1}{3}$	$\frac{\sqrt{2}}{3}$	$\frac{\sqrt{6}}{3}$	$\frac{1}{3}$	$\frac{\sqrt{2}}{3}$	$-\frac{\sqrt{6}}{3}$
20	$\frac{\sqrt{2}}{2}$	$\frac{\sqrt{2}}{2}$	$-\frac{\sqrt{6}}{3}$	$-\frac{\sqrt{3}}{3}$	$\frac{1}{3}$	$-\frac{2\sqrt{2}}{3}$	$-\frac{1}{3}$	$-\frac{\sqrt{2}}{3}$	$\frac{\sqrt{6}}{3}$	$\frac{1}{3}$	$\frac{\sqrt{2}}{3}$	$\frac{\sqrt{6}}{3}$
21	$\frac{\sqrt{2}}{2}$	$-\frac{\sqrt{2}}{2}$	$\frac{\sqrt{6}}{3}$	$\frac{\sqrt{3}}{3}$	$-\frac{1}{3}$	$\frac{2\sqrt{2}}{3}$	$-\frac{1}{3}$	$-\frac{\sqrt{2}}{3}$	$\frac{\sqrt{6}}{3}$	$-\frac{1}{3}$	$-\frac{\sqrt{2}}{3}$	$-\frac{\sqrt{6}}{3}$
22	$\frac{\sqrt{2}}{2}$	$-\frac{\sqrt{2}}{2}$	$\frac{\sqrt{6}}{3}$	$-\frac{\sqrt{3}}{3}$	$\frac{1}{3}$	$\frac{2\sqrt{2}}{3}$	$-\frac{1}{3}$	$\frac{\sqrt{2}}{3}$	$\frac{\sqrt{6}}{3}$	$-\frac{1}{3}$	$\frac{\sqrt{2}}{3}$	$-\frac{\sqrt{6}}{3}$
23	$\frac{\sqrt{2}}{2}$	$-\frac{\sqrt{2}}{2}$	$-\frac{\sqrt{6}}{3}$	$\frac{\sqrt{3}}{3}$	$-\frac{1}{3}$	$-\frac{2\sqrt{2}}{3}$	$\frac{1}{3}$	$-\frac{\sqrt{2}}{3}$	$\frac{\sqrt{6}}{3}$	$\frac{1}{3}$	$\frac{\sqrt{2}}{3}$	$-\frac{\sqrt{6}}{3}$
24	$\frac{\sqrt{2}}{2}$	$-\frac{\sqrt{2}}{2}$	$-\frac{\sqrt{6}}{3}$	$-\frac{\sqrt{3}}{3}$	$\frac{1}{3}$	$-\frac{2\sqrt{2}}{3}$	$\frac{1}{3}$	$\frac{\sqrt{2}}{3}$	$\frac{\sqrt{6}}{3}$	$\frac{1}{3}$	$\frac{\sqrt{2}}{3}$	$-\frac{\sqrt{6}}{3}$
25	$-\frac{\sqrt{2}}{2}$	$\frac{\sqrt{2}}{2}$	$\frac{\sqrt{6}}{3}$	$\frac{\sqrt{3}}{3}$	$-\frac{1}{3}$	$\frac{2\sqrt{2}}{3}$	$\frac{1}{3}$	$\frac{\sqrt{2}}{3}$	$-\frac{\sqrt{6}}{3}$	$\frac{1}{3}$	$\frac{\sqrt{2}}{3}$	$\frac{\sqrt{6}}{3}$
26	$-\frac{\sqrt{2}}{2}$	$\frac{\sqrt{2}}{2}$	$\frac{\sqrt{6}}{3}$	$-\frac{\sqrt{3}}{3}$	$\frac{1}{3}$	$\frac{2\sqrt{2}}{3}$	$\frac{1}{3}$	$-\frac{\sqrt{2}}{3}$	$-\frac{\sqrt{6}}{3}$	$\frac{1}{3}$	$-\frac{\sqrt{2}}{3}$	$\frac{\sqrt{6}}{3}$
27	$-\frac{\sqrt{2}}{2}$	$\frac{\sqrt{2}}{2}$	$-\frac{\sqrt{6}}{3}$	$\frac{\sqrt{3}}{3}$	$-\frac{1}{3}$	$-\frac{2\sqrt{2}}{3}$	$-\frac{1}{3}$	$\frac{\sqrt{2}}{3}$	$-\frac{\sqrt{6}}{3}$	$-\frac{1}{3}$	$\frac{\sqrt{2}}{3}$	$\frac{\sqrt{6}}{3}$
28	$-\frac{\sqrt{2}}{2}$	$\frac{\sqrt{2}}{2}$	$-\frac{\sqrt{6}}{3}$	$-\frac{\sqrt{3}}{3}$	$\frac{1}{3}$	$-\frac{2\sqrt{2}}{3}$	$-\frac{1}{3}$	$-\frac{\sqrt{2}}{3}$	$-\frac{\sqrt{6}}{3}$	$-\frac{1}{3}$	$\frac{\sqrt{2}}{3}$	$\frac{\sqrt{6}}{3}$
29	$-\frac{\sqrt{2}}{2}$	$-\frac{\sqrt{2}}{2}$	$\frac{\sqrt{6}}{3}$	$\frac{\sqrt{3}}{3}$	$-\frac{1}{3}$	$\frac{2\sqrt{2}}{3}$	$-\frac{1}{3}$	$-\frac{\sqrt{2}}{3}$	$-\frac{\sqrt{6}}{3}$	$-\frac{1}{3}$	$\frac{\sqrt{2}}{3}$	$-\frac{\sqrt{6}}{3}$
30	$-\frac{\sqrt{2}}{2}$	$-\frac{\sqrt{2}}{2}$	$\frac{\sqrt{6}}{3}$	$-\frac{\sqrt{3}}{3}$	$\frac{1}{3}$	$\frac{2\sqrt{2}}{3}$	$-\frac{1}{3}$	$\frac{\sqrt{2}}{3}$	$-\frac{\sqrt{6}}{3}$	$\frac{1}{3}$	$\frac{\sqrt{2}}{3}$	$-\frac{\sqrt{6}}{3}$
31	$-\frac{\sqrt{2}}{2}$	$-\frac{\sqrt{2}}{2}$	$-\frac{\sqrt{6}}{3}$	$\frac{\sqrt{3}}{3}$	$-\frac{1}{3}$	$-\frac{2\sqrt{2}}{3}$	$\frac{1}{3}$	$-\frac{\sqrt{2}}{3}$	$-\frac{\sqrt{6}}{3}$	$-\frac{1}{3}$	$\frac{\sqrt{2}}{3}$	$-\frac{\sqrt{6}}{3}$
32	$-\frac{\sqrt{2}}{2}$	$-\frac{\sqrt{2}}{2}$	$-\frac{\sqrt{6}}{3}$	$-\frac{\sqrt{3}}{3}$	$\frac{1}{3}$	$-\frac{2\sqrt{2}}{3}$	$\frac{1}{3}$	$\frac{\sqrt{2}}{3}$	$-\frac{\sqrt{6}}{3}$	$-\frac{1}{3}$	$-\frac{\sqrt{2}}{3}$	$-\frac{\sqrt{6}}{3}$

Tableau 3.5 Les 32 configurations isotropes des manipulateurs 4R sphériques obtenues par méthode géométrique

CHAPITRE 4

MANIPULATEUR SÉRIEL 6R SPHÉRIQUE ISOTROPE POUR TOUTE
ORIENTATION DE L'EFFECTEUR

4.1 Introduction

Dans ce chapitre, nous montrons qu'il existe un manipulateur sériel 6R sphérique dont l'effecteur peut atteindre toutes les orientations en étant dans une configuration isotrope. À notre connaissance, ce manipulateur est le seul manipulateur sériel dans la littérature à conserver constamment une configuration isotrope sur tout son espace de travail.

Le concept d'isotropie a été utilisé dans plusieurs domaines pour décrire des propriétés égales dans toutes les directions. Dans le domaine de la cinématique des manipulateurs robotiques, ce concept peut être appliqué à la transmission des vitesses articulaires en vitesses de l'effecteur. Ainsi, lorsque la matrice jacobienne d'un manipulateur est isotrope, les articulations motorisées ont, à cette configuration, une capacité égale de produire des vitesses égales dans toutes les directions.

Dans [24], le concept d'isotropie a été utilisé pour concevoir des manipulateurs sériels. L'isotropie d'un manipulateur sériel nR sphérique n'est pas affectée par les valeurs des variables articulaires de la première et dernière articulations, soient 1 et n. Si la mobilité de l'effecteur est en translation et rotation, alors il est nécessaire de rendre la matrice jacobienne adimensionnelle en utilisant une longueur caractéristique. Dans le cas de manipulateurs à mobilité sphérique, la matrice jacobienne a déjà des dimensions homogènes.

Nous avons donné [40] des exemples d'ensembles de vecteurs unitaires isotropes pour $n = 3$,

$n = 4$ et $n = 5$. De plus, nous avons donné une méthode de construction permettant d'obtenir des ensembles isotropes de vecteurs pour $2 < n < 40$ dans [41].

Dans le présent chapitre, nous démontrons qu'il existe un manipulateur sériel 6R sphérique dont l'effecteur peut atteindre n'importe quelle orientation tout en conservant une configuration isotrope. Contrairement à celui-ci, le manipulateur sphérique fourni dans [41] ne peut garder de manière continue une configuration isotrope que sur une demi-sphère.

4.2 Définitions

La relation cinématique entre le vecteur vitesse angulaire de l'effecteur, appelé $\boldsymbol{\omega}$, et le vecteur vitesse des articulations, appelé $\dot{\boldsymbol{\theta}}$, d'un manipulateur sphérique ayant n articulations rotoïdes en série est donné par [2].

$$\boldsymbol{\omega} = \mathbf{J}\dot{\boldsymbol{\theta}}, \quad \dot{\boldsymbol{\theta}} \equiv [\dot{\theta}_1 \, \dot{\theta}_2 \, \cdots \, \dot{\theta}_n]^T, \quad \mathbf{J} \equiv [\mathbf{e}_1 \, \mathbf{e}_2 \, \cdots \, \mathbf{e}_n] \tag{4.1}$$

où $\mathbf{e}_i$ est un vecteur unitaire indiquant l'orientation de l'axe, ainsi que la direction de rotation autour de cet axe, de la $i^{ème}$ articulation. Les vecteurs $\mathbf{e}_i$ sont représentés dans $\mathbb{R}^3$; la matrice jacobienne $\mathbf{J}$ associée au manipulateur sphérique est alors de dimension $3 \times n$.

Un manipulateur décrit par l'éq.(4.1) est dit isotrope si

$$\mathbf{J}\mathbf{J}^{\mathbf{T}} = \lambda\mathbf{I}, \quad \forall \lambda \in \mathbf{R} > 0 \tag{4.2}$$

La matrice jacobienne $\mathbf{J}$ dépend de la posture $\boldsymbol{\theta}$. Il a été démontré en [29] que, pour un manipulateur sphérique, toute configuration isotrope est toujours indépendante de θ_1 et θ_n, c'est-à-dire que l'isotropie est conservée quelque soit les valeurs prises par θ_1 et θ_n.

Les propriétés suivantes ont été démontrées en [18]:

Propriété 1 : Soit $\mathbf{J} = [\mathbf{e}_1 \quad \mathbf{e}_2 \quad \cdots \quad \mathbf{e}_n]$, si $\mathbf{J}\mathbf{J}^T = \lambda\mathbf{I}$ alors $\lambda = n/3$.

Propriété 2 : L'isotropie d'un ensemble de vecteurs unitaires $\{\mathbf{e}_i\}_{i=1}^n$ est conservée par toute isométrie.

Propriété 3 : L'isotropie d'un ensemble de vecteurs unitaires $\{\mathbf{e}_i\}_{i=1}^n$ est conservée par toute rotation autour de $\mathbf{e}_1$ et $\mathbf{e}_n$.

4.3 Manipulateur 6R sphérique ayant la demi-sphère comme surface isotrope

4.3.1 Formulation du problème

Dans une première étape, nous présentons un manipulateur 6R sériel qui conserve une configuration isotrope, sur toute une demi-sphère, de manière continue. Ainsi, tout déplacement de l'effecteur sur la demi-sphère conserve au manipulateur sa propriété d'isotropie.

Pour plus de concision et une meilleure présentation, nous rappelons les notations suivantes :

$$\cos(\theta) \equiv C_\theta \quad \cos(\phi) \equiv C_\phi \quad \sin(\theta) \equiv S_\theta \quad \sin(\phi) \equiv S_\phi$$

Les vecteurs représentés par les colonnes de la matrice jacobienne d'un manipulateur 6R sphérique ont leurs points associés qui appartiennent à la sphère unitaire. Dans l'espace $\mathbb{R}^3$ ayant $(O, \mathbf{i}, \mathbf{j}, \mathbf{k})$ pour repère, pour tout point M de la sphère unitaire, il existe $\theta \in [0, 2\pi]$ et $\phi \in [0, \pi]$ tels que les coordonnées de M soient :

$$\overrightarrow{OM} = [S_\phi C_\theta \quad S_\phi S_\theta \quad C_\phi]^T.$$

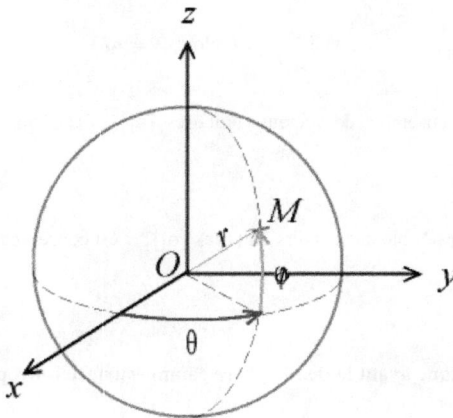

Figure 4.1 Coordonnées sphériques d'un point

Ce sont les coordonnées sphériques du point M représenté sur la figure 4.1.

La fonction vectorielle $\mathbf{f}$ de $[0, 2\pi] \times [0, \pi]$ dans $\mathbf{S}$:

$(\theta, \phi) \longrightarrow \mathbf{f}(\theta, \phi) = [S_\phi C_\theta \quad S_\phi S_\theta \quad C_\phi]^T$ est une surjection.

Un manipulateur sphérique centré en O a tous les axes de rotation de ses articulations qui se coupent en O. Il s'en suit qu'un manipulateur sphérique est géométriquement entièrement et précisément déterminé par la connaissance des angles $\{\alpha_i\}_{i=1}^{n-1}$. Si l'un des angles $\{\alpha_i\}_{i=1}^{n-1}$ varie alors la géométrie du manipulateur sphérique varie aussi.

Par conséquent, si lors d'un déplacement quelconque nous voulons utiliser un seul manipulateur, les angles $\{\alpha_i\}_{i=1}^{n-1}$ entre les axes de rotation de ses articulations successives doivent rester constants, ce qui revient à dire que le produit scalaire entre les vecteurs unitaires $\mathbf{e}_i$ et $\mathbf{e}_{i+1}$ des axes de rotation de deux articulations consécutives doit rester constant pendant tout le déplacement.

Il est aisé de constater que le produit scalaire entre le vecteur $\overrightarrow{OM} = [S_\phi C_\theta \quad S_\phi S_\theta \quad C_\phi]^T$ et le vecteur $\mathbf{v} = [C_\phi C_\theta \quad C_\phi S_\theta \quad -S_\phi]^T$ est nul.

Si $\overrightarrow{OM}$ et $\mathbf{v}$ sont les directions des axes de rotations de deux articulations successives, leur produit scalaire restera constant quelles que soient les valeurs des angles θ et ϕ. Le produit scalaire entre le vecteur $\mathbf{v}$ et le vecteur $\mathbf{w} = [-S_\theta \quad C_\theta \quad 0]^T$ est aussi nul quelles que soient les valeurs des angles θ et ϕ.

Prenons $\overrightarrow{OM} = \mathbf{e}_6$ de manière à ce que le centre de la sixième articulation puisse se position- ner sur tout point de $\mathbf{S}$, et choisissons $\{\mathbf{e}_i\}_{i=1}^5$ de telle manière que tous les produits scalaires $\mathbf{e}_i^T \mathbf{e}_{i+1}$ soient constants quels que soient $(\theta, \phi) \in [0, 2\pi] \times [0, \pi]$. De proche en proche, nous déterminons six vecteurs dont le produit scalaire de deux vecteurs successifs d'entre eux est nul.

La matrice jacobienne ainsi obtenue est alors $\mathbf{J} = [\mathbf{e}_1 \quad \mathbf{e}_2 \quad \mathbf{e}_3 \quad \mathbf{e}_4 \quad \mathbf{e}_5 \quad \mathbf{e}_6]$, soit

$$\mathbf{J} = \begin{bmatrix} -S_\phi S_\theta & -C_\phi S_\theta & C_\theta & -S_\theta & C_\phi C_\theta & S_\phi C_\theta \\ S_\phi C_\theta & C_\phi C_\theta & S_\theta & C_\theta & C_\phi S_\theta & S_\phi S_\theta \\ -C_\phi & S_\phi & 0 & 0 & -S_\phi & C_\phi \end{bmatrix} \tag{4.3}$$

On vérifie aisément que $\forall (\theta, \phi) \in [0, 2\pi] \times [0, \pi], \forall i \in \{1, 2, 3, 4, 5\} \quad \mathbf{e}_i^T \mathbf{e}_{i+1} = 0$. Outre leurs produits scalaires successifs constants, les vecteurs $\{\mathbf{e}_i\}_{i=1}^6$ ont été choisis de telle manière que $\mathbf{J}\mathbf{J}^T = \lambda \mathbf{I}$ avec $\lambda = 2$, c'est-à-dire pour que $\mathbf{J}$ soit une matrice isotrope. Puisque $n = 6$ on a $\lambda = 2$.

Le manipulateur 6R sphérique isotrope associé à $\mathbf{J}$ gardera donc une position isotrope sur tout parcours qu'il pourra effectuer sur $\mathbf{S}$, et qui sera pour ce manipulateur une surface isotrope con- tinue.

Pour nous placer dans une optique plus habituelle pour concevoir sans difficulté un tel manipula- teur, nous cherchons à obtenir un manipulateur dont le premier vecteur de la matrice jacobienne

qui lui est associée soit constant. Nous transformons la matrice jacobienne
$\mathbf{J} = [\mathbf{e}_1 \quad \mathbf{e}_2 \quad \mathbf{e}_3 \quad \mathbf{e}_4 \quad \mathbf{e}_5 \quad \mathbf{e}_6]$ en la matrice $\mathbf{J}' = [\mathbf{e}'_1 \quad \mathbf{e}'_2 \quad \mathbf{e}'_3 \quad \mathbf{e}'_4 \quad \mathbf{e}'_5 \quad \mathbf{e}'_6]$ où $\mathbf{e}'_1$ est constant.

Sans perte de généralité et pour plus de commodité, nous fixons $\mathbf{e}'_1 = \mathbf{k} = [0 \quad 0 \quad 1]^T$. Soit le vecteur $\mathbf{e} = \mathbf{k} \times \mathbf{e}_1$, la rotation autour du vecteur $\mathbf{e}$ et d'angle $\psi = \pi - \phi$ amène le vecteur $\mathbf{e}_1$ sur $\mathbf{k}$.

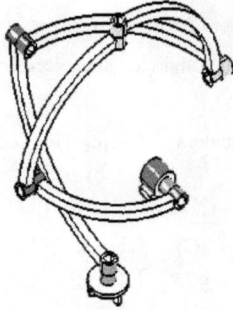

Figure 4.2 Manipulateur associé à la matrice $\mathbf{J}'$

La rotation d'un angle $\psi = \pi - \phi$ autour de $\mathbf{e}$ a pour matrice

$$\mathbf{Q} = \mathbf{e}\mathbf{e}^T + C_\psi(1 - \mathbf{e}\mathbf{e}^T) + S_\psi \mathbf{E}$$

où $\mathbf{E}$ est la matrice produit vectoriel du vecteur $\mathbf{e}$ [2]. On a alors

$$\mathbf{Q} = \begin{bmatrix} C_\theta^2 - C_\phi S_\theta^2 & S_\theta C_\theta(1 + C_\phi) & S_\phi S_\theta \\ S_\theta C_\theta(1 + C_\phi) & S_\theta^2 - C_\phi C_\theta^2 & -S_\phi C_\theta \\ -S_\phi S_\theta & S_\phi C_\theta & -C_\phi \end{bmatrix} \tag{4.4}$$

d'où $\mathbf{J}' = \mathbf{Q}\mathbf{J}$.

$$\mathbf{J}' = \begin{bmatrix} 0 & S_\theta & C_\theta & C_\phi S_\theta & C_\phi C_\theta - S\phi^2 S_\theta & S_\phi(C_\theta + C_\phi S_\theta) \\ 0 & -C_\theta & S_\theta & -C_\phi C_\theta & C_\phi S_\theta + S_\phi^2 C_\theta & S_\phi(S_\theta - C_\phi C_\theta) \\ 1 & 0 & 0 & S_\phi & S_\phi C_\phi & -C_\phi^2 \end{bmatrix} \tag{4.5}$$

Nous avons bien $\mathbf{J}'\mathbf{J}'^T = \lambda\mathbf{I}$ avec $\lambda = 2$ puisque d'après la propriété 1, les isométries conservent l'isotropie et les angles donc le manipulateur associé à la matrice jacobienne $\mathbf{J}'$, figure 4.2, est simplement le manipulateur associé à la matrice jacobienne $\mathbf{J}$ vu sous un autre angle.

4.3.2 Paramètres de Denavit-Hartenberg et manipulateurs associés

Nous obtenons les paramètres de Denavit-Hartenberg pour le manipulateur associé à la matrice jacobienne $\mathbf{J}'$:

Puisque $\alpha_i = (\widehat{\mathbf{e}_i, \mathbf{e}_{i+1}})$, on a

$\mathbf{x}_2$	$\mathbf{x}_3$	$\mathbf{x}_4$	$\mathbf{x}_5$	$\mathbf{x}_6$
C_θ	0	$S_\phi S_\theta$	$C_\phi C_\theta - S_\phi^2 S_\theta$	$C_\phi S_\theta$
S_θ	0	$-S_\phi C_\theta$	$C_\phi S_\theta + S_\phi^2 C_\theta$	$-C_\phi C_\theta$
0	1	$-C_\phi$	$S_\phi C_\phi$	S_ϕ

Tableau 4.1 Orientation des axes $\mathbf{x}_i$

$$C_{\alpha_i} = \frac{\mathbf{e}_i'^T \mathbf{e}_{i+1}'}{\|\mathbf{e}_i'\|\|\mathbf{e}_{i+1}'\|} = \mathbf{e}_i'^T \mathbf{e}_{i+1}' \tag{4.6}$$

Les coordonnées des vecteurs $\{\mathbf{x}_i\}_{i=2}^6$, du tableau 4.1, nous donnent $\|\mathbf{x}_2\| = \|\mathbf{x}_3\| = \|\mathbf{x}_4\| = \|\mathbf{x}_5\| = \|\mathbf{x}_6\| = 1$. Tous les produits scalaires sont nuls : $\mathbf{e}_i'^T \mathbf{e}_{i+1}' = 0$ $\forall i \in \{1,2,3,4,5\}$, on a alors $\alpha_i = \frac{\pi}{2}$ $\forall i \in \{1,2,3,4,5\}$. Les valeurs du tableau précédent nous permettent aussi d'avoir les valeurs des angles $\{\theta_i\}_{i=2}^5$. Les valeurs de θ_1 et θ_6 n'influent pas sur l'isotropie du manipulateur.

Les valeurs de $\{a_i\}_{i=1}^5$ sont toutes nulles, puisque tous les axes $\{Z_i\}_{i=1}^6$ se coupent en O, donc

i	1	2	3	4	5	6
α_i	90°	90°	90°	90°	90°	*
θ_i	*	90°	$180° - \phi$	$90° + \phi$	90°	*

Tableau 4.2 Valeurs des angles α_i et θ_i

$a_i = 0 \ \forall i \in \{1, 2, 3, 4, 5\}$. On a aussi $\mathbf{x}_i = \mathbf{e}'_{i-1} \times \mathbf{e}'_i$, ce qui donne $b_i = 0 \ \forall i \in \{1, 2, 3, 4, 5\}$.

Les valeurs de tous les angles $\{\alpha_i\}_{i=1}^5$ sont constants, le manipulateur 6R sphérique qui en découle peut avoir toute la demi-sphère $\mathbf{S}_2$ comme surface isotrope tant qu'il ne se produira pas de collision entre ses articulations, puisque la cote du centre de sa dernière articulation est $z = -C_\phi^2$. Sa matrice jacobienne reste donc isotrope en chacun des points de cette demi-sphère quelque soit le parcours choisi sur celle-ci. Quelque soit la valeur de l'angle α_6, le résultat reste vrai.

4.3.3 Exemple de trajectoire isotrope continue

La courbe $\Im$ est définie par

$$\Im = \{M \in \mathbf{S}, \ \mathbf{OM} = [S_\phi(C_{2\phi} + C_\phi S_{2\phi}) \quad S_\phi(S_{2\phi} - C_\phi C_{2\phi}) \quad - C_\phi^2]^T , \ \phi \in [0, 2\pi]\} \quad (4.7)$$

Le point O_i est l'intersection de l'axe de la $i^{ème}$ articulation avec la sphère unitaire. La courbe $\Im$ que parcourt le point O_6 est représentée sur la figure FIG. 4.3(a) en pointillée.

4.3.4 Espace de travail

Les coordonnées du vecteur $\mathbf{e}_6$, vecteur directeur de l'axe de la dernière articulation, sont :
$$\mathbf{e}_6 = [S_\phi(C_\theta + C_\phi S_\theta) \quad S_\phi(S_\theta - C_\phi C_\theta) \quad - C_\phi^2]^T$$

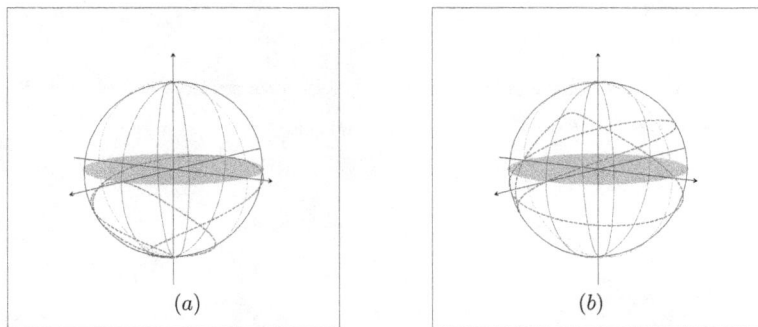

Figure 4.3 Parcours des points O_i du manipulateur 6R isotrope : a) point O_6; b) point O_5

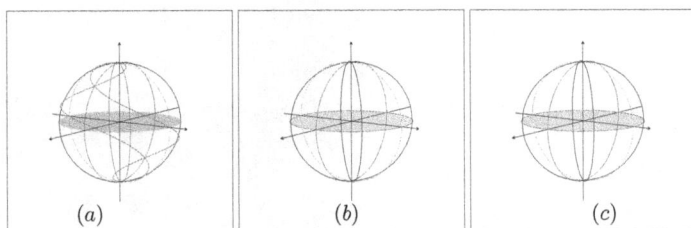

Figure 4.4 Parcours des points O_i du manipulateur 6R isotrope : a) point O_4; b) point O_3; c) point O_2

Puisque la cote z de $\mathbf{e}_6$ est égale à $-C_\phi^2$, le point O_6, intersection de l'axe de la sixème artic-ulation du manipulateur sphèrique associé à $\mathbf{J'}$ avec la sphère unitaire, parcourt tout au plus la demi-sphère inférieure $\mathbf{S}_2$.

Soit $M(x, y, z)$ un point quelconque de $\mathbf{S}_2$. Pour savoir si O_6 peut atteindre tout point de $\mathbf{S}_2$, il suffit de montrer qu'il existe $(\theta, \phi) \in [0, 2\pi] \times [\pi/2, \pi]$ tel que

$$
\begin{aligned}
S_\phi(C_\theta + C_\phi S_\theta) &= x \\
S_\phi(S_\theta - C_\phi C_\theta) &= y \\
-C_\phi^2 &= z
\end{aligned}
\tag{4.8}
$$

$M \in \mathbf{S}_2 \implies z \in [-1, 0] \implies C_\phi^2 = -z$ admet pour solutions $\phi_1 = \arccos(\sqrt{-z})$ ou $\phi_0 = \arccos(-\sqrt{-z})$, ce qui donne $\phi_1 = \pi - \phi_0$. Puisque M se situe sur la demi-sphère inférieure $\mathbf{S}_2$ donc l'unique solution est $\phi_0 = \arccos(-\sqrt{-z})$.

La résolution du système suivant

$$
\begin{aligned}
C_\theta + C_{\phi_0} S_\theta &= \frac{x}{S_{\phi_0}} \\
S_\theta - C_{\phi_0} C_\theta &= \frac{y}{S_{\phi_0}}
\end{aligned}
\tag{4.9}
$$

donne pour $\phi_0 \neq \pi/2$,

$$
\begin{aligned}
S_\theta &= \frac{y + x C_{\phi_0}}{S_{\phi_0}(1 + C_{\phi_0}^2)} \\
C_\theta &= \frac{x - y C_{\phi_0}}{S_{\phi_0}(1 + C_{(\phi_0)}^2)}
\end{aligned}
\tag{4.10}
$$

$$
\tag{4.11}
$$

$$\left(\frac{y + xS_{\phi_0}}{S_{\phi_0}(1 + C_{\phi_0}^2)}\right)^2 + \left(\frac{x - yC_{\phi_0}}{S_{\phi_0}(1 + C_{\phi_0}^2)}\right)^2 = \frac{(x^2 + y^2)}{S_{\phi_0}^2(1 + C_{\phi_0}^2)} \tag{4.12}$$

Or $S_{\phi_0}^2(1 + C_{\phi_0}^2) + C_{\phi_0}^4 = 1,$ donc

$$S_{\phi_0}^2(1 + C_{\phi_0}^2) = 1 - C_{\phi_0}^4 = 1 - z^2 \tag{4.13}$$

puisque $z = -C_{\phi_0}^2$.

D'où $\frac{(x^2+y^2)}{S_{\phi_0}^2(1+C_{\phi_0}^2)} = (x^2 + y^2)/(1 - z^2) = 1$ car $x^2 + y^2 + z^2 = 1$ puisque $M \in \mathbf{S}_2$.

Si $\phi_0 = \pi/2$ alors on a $M = (C_{\theta_0}, S_{\theta_0}, 0)$ et le couple $(\theta_0, \frac{\pi}{2})$ est solution de (4.8).

Par conséquent $\exists \theta_0 \in [0, 2\pi]$ tel que (4.9) soit vérifié, donc $\exists (\theta_0, \phi_0) \in [0, 2\pi] \times [\pi/2, \pi]$ tel que (4.8) soit vérifié. Par conséquent, le point O_6, intersection de l'axe de la dernière articulation du manipulateur associé à $\mathbf{J}'$ avec la sphère unitaire, peut atteindre tout point de $\mathbf{S}_2$ à condition qu'il n'y ait pas de collision entre les articulations lors des déplacements.

Tant qu'il n'y a pas de collision entre les articulations, O_6 peut suivre toute courbe continue sur $\mathbf{S}_2$, et les points O_i, $i \in \{2, 3, 4, 5\}$ peuvent décrire des courbes continues étant donné que les fonctions, qui sont les coordonnées de leur vecteur position $\mathbf{e}_i$, sont continues.

En considérant $(\theta, \phi) \in [0, 2\pi] \times [\pi/2, \pi]$, pour le manipulateur 6R sphérique associé à $\mathbf{J}'$, on a

$$\|\mathbf{e}_2' - \mathbf{e}_1'\| = \|\overrightarrow{P_2'P_1'}\| = \sqrt{2}, \qquad\qquad \|\mathbf{e}_3' - \mathbf{e}_1'\| = \|\overrightarrow{P_3'P_1'}\| = \sqrt{2}$$

$$\|\mathbf{e}_4' - \mathbf{e}_1'\| = \|\overrightarrow{P_4'P_1'}\| = \sqrt{2}\sqrt{1 - S_\phi}, \qquad \|\mathbf{e}_5' - \mathbf{e}_1'\| = \|\overrightarrow{P_5'P_1'}\| = \sqrt{2 - S_{2\phi}} \geq 1$$

$$\|\mathbf{e}_6' - \mathbf{e}_1'\| = \|\overrightarrow{P_6'P_1'}\| = \sqrt{2}\sqrt{1 + C_\phi^2}, \qquad \|\mathbf{e}_3' - \mathbf{e}_2'\| = \|\overrightarrow{P_3'P_2'}\| = \sqrt{2}$$

$$\|\mathbf{e}_4' - \mathbf{e}_2'\| = \|\overrightarrow{P_4'P_2'}\| = |1 - C_\phi| \geq 1 \text{ car } \phi \in [\pi/2, \pi]$$

$$\|e'_5 - e'_2\| = \|\overrightarrow{P'_5 P'_2}\| = \sqrt{2}\sqrt{1 + 1C_\phi^2}, \qquad \|e'_6 - e'_2\| = \|\overrightarrow{P'_6 P'_2}\| = \sqrt{2 - S_{2\phi}}$$

$$\|e'_4 - e'_3\| = \|\overrightarrow{P'_4 P'_3}\| = \sqrt{2}, \qquad \|e'_5 - e'_3\| = \|\overrightarrow{P'_5 P'_3}\| = \sqrt{2}\sqrt{1 - C_\phi} \geq \sqrt{2}$$

$$\|e'_6 - e'_3\| = \|\overrightarrow{P'_6 P'_3}\| = \sqrt{2}\sqrt{1 - S_\phi}, \qquad \|e'_5 - e'_4\| = \|\overrightarrow{P'_5 P'_4}\| = \sqrt{2}$$

$$\|e'_6 - e'_4\| = \|\overrightarrow{P'_6 P'_4}\| = \sqrt{2}, \qquad \|e'_6 - e'_5\| = \|\overrightarrow{P'_6 P'_5}\| = \sqrt{2}$$

Donc les seules collisions possibles sont celles des articulations 1 et 4 entre elles et des articulations 3 et 6 entre elles en $\phi = \pi/2$. Par conséquent si $\phi \in]\pi/2, \pi]$ alors $\forall i \neq j \in \{1, 2, 3, 4, 5, 6\}$ $\|e'_i - e'_j\| > 0$.

Sur le plan pratique, comme les articulations ont une certaine dimension, ϕ devra décrire un intervalle $[\pi/2 - \psi, \pi]$ où $\psi > 0$ est fonction du rayon de la sphère retenue.

Soit $\mathbf{J}'' = [e''_1 \quad e''_2 \quad e''_3 \quad e''_4 \quad e''_5 \quad e''_6]$ telle que $e''_1 = e'_1$, $e''_2 = e'_2$, $e''_3 = e'_3$, $e''_4 = e'_4$, $e''_5 = e'_5$ et $e''_6 = -e'_6$. Soit O''_i le point associé au vecteur e''_i, O''_6 est ainsi l'antipode de O'_6. Donc le manipulateur 6R sphérique associé à $\mathbf{J}''$ décrit la demi-sphère supérieure ouverte $\widehat{S_1}$.

Le point O_6 associé à $\mathbf{J}'$ peut atteindre tout point de la sphère. Par conséquent son effecteur peut prendre toutes les orientations. Mais il n'est isotrope que si O_6 parcourt la demi-sphère inférieure.

4.4   Manipulateur 6R sphérique isotrope pour toute orientation de son effecteur

4.4.1   Formulation du problème

Un manipulateur sériel sphérique est géométriquement entièrement déterminé par la connaissance des angles $\{\alpha_i\}_{i=1}^{n-1}$ qui sont constants pendant tout déplacement. Les vecteurs e_i de la matrice jacobienne d'un manipulateur sphérique ont tous leurs points associés qui appartiennent à la sphère unitaire **S**. Dans l'espace $\mathbb{R}^3$ ayant $(O, \mathbf{i}, \mathbf{j}, \mathbf{k})$ pour repère, pour tout point M de **S**, il existe $\theta \in [0, 2\pi]$ et $\phi \in [0, \pi]$ tels que les coordonnées de M sont :

$$\overrightarrow{OM} = [-S_\phi C_\theta \quad S_\phi S_\theta \quad -C_\phi]^T \tag{4.14}$$

Pour un manipulateur sériel 6R sphérique, nous cherchons un ensemble de vecteurs $\{\mathbf{e}_i\}_{i=1}^6$ tel que l'éq.(4.2) est satisfaite pour toutes orientations de l'effecteur. En vertu de la propriété 3, pour toutes les rotations de l'effecteur autour de $\mathbf{e}_6$ l'éq.(4.2) est satisfaite. Ainsi, il suffit de positionner le point O_6 associé au manipulateur en tout point de la sphère unitaire **S** pour pouvoir obtenir toutes les orientations possibles de l'effecteur.

Prenons $\mathbf{e}_6 = \overrightarrow{OM}$ de manière à ce que le centre de la sixième articulation puisse se positionner en tout point de la sphère unitaire **S**, et choisissons ensuite $\{\mathbf{e}_i\}_{i=1}^5$ de telle manière que tous les produits scalaires $\mathbf{e}_i{}^T \mathbf{e}_{i+1}$ soient constants $\forall (\theta, \phi) \in [0, 2\pi] \times [0, \pi]$. Ainsi, la matrice jacobienne suivante est obtenue

$$\mathbf{J} = \begin{bmatrix} -S_\phi C_\theta & S_\theta & C_\phi C_\theta & -S_\theta & C_\phi C_\theta & -S_\phi C_\theta \\ S_\phi S_\theta & C_\theta & -C_\phi S_\theta & -C_\theta & -C_\phi S_\theta & S_\phi S_\theta \\ C_\phi & 0 & S_\phi & 0 & -S_\phi & -C_\phi \end{bmatrix} \tag{4.15}$$

On vérifie aisément que $\forall (\theta, \phi) \in [0, 2\pi] \times [0, \pi], \forall i \in [1 \cdots 5]$, nous avons $\mathbf{e}_i{}^T \mathbf{e}_{i+1} = 0$. Outre leurs produits scalaires successifs constants $\forall (\theta, \phi) \in [0, 2\pi] \times [0, \pi]$, les vecteurs $\{\mathbf{e}_i\}_{i=1}^6$ ont été choisis de telle manière que $\mathbf{J}\mathbf{J}^T = \lambda \mathbf{I}$ avec $\lambda = 2$, c'est-à-dire pour que $\mathbf{J}$ soit une matrice isotrope. Puisque $n = 6$ on a donc d'après la propriété 1, $\lambda = 6/3 = 2$.

Le manipulateur 6R sphérique isotrope associé à $\mathbf{J}$ gardera donc une position isotrope sur tout parcours effectuer sur **S** par O_6. Ce manipulateur est donc isotrope pour toutes orientations de son effecteur. Notons que manipulateur 6R décrit par (4.15) est différent du manipulateur 6R décrit par (4.3).

Pour nous placer dans une optique plus habituelle de conception d'un manipulateur, nous cherchons à obtenir un manipulateur dont le premier vecteur de la matrice jacobienne qui lui est associée soit constant. Nous transformons la marice jacobienne $\mathbf{J} = [\mathbf{e}_1 \cdots \mathbf{e}_6]$ en $\mathbf{J}' = [\mathbf{e}'_1 \cdots \mathbf{e}'_6]$ où $\mathbf{e}'_1$ est constant. Sans perte de généralité et pour plus de commodité nous fixons $\mathbf{e}'_1 = \mathbf{k} = [0\ 0\ 1]^T$.

Soit le vecteur

$$\mathbf{e} = \frac{\mathbf{e}_1 \times \mathbf{k}}{\|\mathbf{e}_1 \times \mathbf{k}\|}$$

La rotation autour de l'axe Δ parallèle au vecteur e et d'angle ϕ amène le vecteur $\mathbf{e}_1$ sur $\mathbf{k}$. La rotation d'un angle ϕ autour de Δ a pour matrice $\mathbf{Q} = \mathbf{e}\mathbf{e}^T + C_\phi(1 - \mathbf{e}\mathbf{e}^T) + S_\phi\mathbf{E}$ où $\mathbf{E}$ est la matrice produit vectoriel du vecteur e [2]. On a alors

$$\mathbf{Q} = \begin{bmatrix} 1 - (1 - C_\phi)C_\theta^2 & S_\theta C_\theta(1 - C_\phi) & S_\phi C_\theta \\ S_\theta C_\theta(1 - C_\phi) & 1 - (1 - C_\phi)S_\theta^2 & -S_\phi S_\theta \\ -S_\phi C_\theta & S_\phi S_\theta & C_\phi \end{bmatrix} \tag{4.16}$$

d'où

$$\mathbf{J}_1 = \mathbf{Q}\mathbf{J} = \begin{bmatrix} 0 & S_\theta & C_\theta & -S_\theta & C_{2\phi}C_\theta & -S_{2\phi}C_\theta \\ 0 & C_\theta & -S_\theta & -C_\theta & -C_{2\phi}S_\theta & S_{2\phi}S_\theta \\ 1 & 0 & 0 & 0 & -S_{2\phi} & -C_{2\phi} \end{bmatrix} \tag{4.17}$$

L'isométrie $\mathbf{Q}$ conserve l'isotropie de $\mathbf{J}$, donc $\mathbf{J}_1$ est isotrope. De la matrice $\mathbf{J}_1$, nous déduisons la matrice $\mathbf{J}'$, c'est-à-dire:

$$\mathbf{J}' = \begin{bmatrix} 0 & S_\theta & C_\theta & -S_\theta & C_\phi C_\theta & -S_\phi C_\theta \\ 0 & C_\theta & -S_\theta & -C_\theta & -C_\phi S_\theta & S_\phi S_\theta \\ 1 & 0 & 0 & 0 & -S_\phi & -C_\phi \end{bmatrix} \tag{4.18}$$

Nous avons bien $\mathbf{J}'\mathbf{J}'^T = \lambda\mathbf{I}$ avec $\lambda = 2$ puisque les isométries conservent l'isotropie. Les rota-

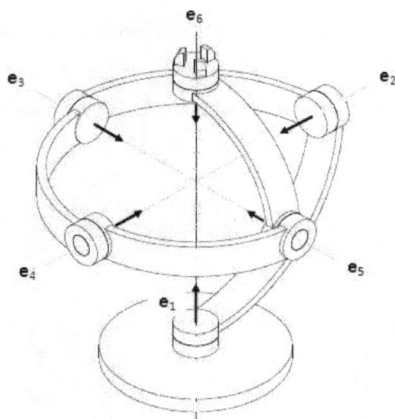

Figure 4.5 Manipulateur sériel 6R sphérique isotrope pour $\theta_2 = \theta_5 = \pi/2$

tions conservent les angles donc le manipulateur associé à la matrice jacobienne $\mathbf{J}'$ est simplement le manipulateur associé à la matrice jacobienne $\mathbf{J}$ vu sous un autre angle.

4.4.2 Paramètres de Denavit-Hartenberg du manipulateur isotrope

Selon la méthode de Denavit-Hartenberg, l'orientation des axes $\mathbf{x}_i$ est choisi tel que montré au Tableau 4.3. Puisque $\alpha_i = (\widehat{\mathbf{e}_i, \mathbf{e}_{i+1}})$, on a $C_{\alpha_i} = \mathbf{e}'^T_i \mathbf{e}'_{i+1}$. Ainsi les angles entres les axes

$\mathbf{x}_2$	$\mathbf{x}_3$	$\mathbf{x}_4$	$\mathbf{x}_5$	$\mathbf{x}_6$
$-C_\theta$	0	0	$S_\phi C_\theta$	$-S_\theta$
S_θ	0	0	$-S_\phi S_\theta$	$-C_\theta$
0	-1	-1	C_ϕ	0

Tableau 4.3 Orientation des axes $\mathbf{x}_i$

$\{Z_i\}_{i=1}^6$ des articulations successives, mesurés par rapport à l'orientation positive de l'axe X_{i+1}, sont entièrement déterminés par la connaissance des vecteurs colonnes de la matrice jacobienne.

Les coordonnées des vecteurs $\{\mathbf{x}_i\}_{i=2}^{6}$, du tableau 4.3, nous donnent $\|\mathbf{x}_2\| = \|\mathbf{x}_3\| = \|\mathbf{x}_4\| = \|\mathbf{x}_5\| = \|\mathbf{x}_6\| = 1$. De plus, tous les produits scalaires de deux axes $\mathbf{e}_i$ consécutifs sont nuls, c'est-à-dire : $\mathbf{e}_i'^{T}\mathbf{e}_{i+1}' = 0 \ \forall i \in \{1, 2, 3, 4, 5\}$, on a alors $\alpha_i = \pi/2 \ \forall i \in \{1, 2, 3, 4, 5\}$. Les $\mathbf{x}_i$ et $\mathbf{e}_i$ nous permettent d'avoir les valeurs des angles θ_i montrées au Tableau 4.4. Les valeurs de θ_1 et θ_6 n'influent pas sur l'isotropie du manipulateur.

La matrice jacobienne $\mathbf{J}' \in \mathbf{R}^{3 \times 6}$ est composée de 2 matrices $\mathbf{J}'_1 \in \mathbf{R}^{3 \times 3}$ et $\mathbf{J}'_2 \in \mathbf{R}^{3 \times 3}$. En posant $\mathbf{J}' = [\mathbf{J}'_1 \quad \mathbf{J}'_2]$

$$\mathbf{J}'_1 = \begin{bmatrix} 0 & S_\theta & C_\theta \\ 0 & C_\theta & -S_\theta \\ 1 & 0 & 0 \end{bmatrix}, \quad \text{et} \quad \mathbf{J}'_2 = \begin{bmatrix} -S_\theta & C_\phi C_\theta & -S_\phi C_\theta \\ -C_\theta & -C_\phi S_\theta & S_\phi S_\theta \\ 0 & -S_\phi & -C_\phi \end{bmatrix}$$

Les rotations conservent l'isotropie, par conséquent toute rotation appliquée à $\mathbf{J}'_2$, qui conserve inchangé l'angle $\alpha_3 = \widehat{(\mathbf{e}_3, \mathbf{e}_4)}$, gardera la matrice $\mathbf{J}'_2$ isotrope et donc gardera aussi $\mathbf{J}'$ isotrope. Or, toute rotation autour de l'axe X_3 de la troisième articulation garde α_3 constant, donc quelque soit la valeur de θ_3 la matrice jacobienne $\mathbf{J}'$ est isotrope. Les valeurs de $\{a_i\}_{i=1}^{5}$ sont toutes

i	1	2	3	4	5	6
α_i	90°	90°	*	90°	90°	*
θ_i	*	±90°	θ_3	θ_4	±90°	*

Tableau 4.4 Paramétres de Denavit-Hartenberg du manipulateur associé à $\mathbf{J}'$

nulles, puisque tous les axes $\{Z_i\}_{i=1}^{6}$ se coupent en O, donc a_i = distance $(Z_i, Z_{i+1}) = 0$ $\forall i \in \{1, 2, 3, 4, 5\}$. On a $\mathbf{x}_i = \mathbf{e}_{i-1}' \times \mathbf{e}_i'$, $|b_i|$ = distance$(\mathbf{x}_i, \mathbf{x}_{i+1}) = 0$. La figure 4.5 montre le nouveau manipulateur sériel sphérique isotrope résultant des tableaux 4.3 et 4.4.

Il faut noter que les angles θ_2 et θ_5 doivent être maintenus constants. les autres angles pouvant prendre n'importe quelle valeur. Les figures 4.6 et 4.7 montrent les trois dernières et les trois premières membrures du manipulateur avec $\theta_2 = \theta_5 = \pi/2$. Il est apparent sur la figure 4.6 que les vecteurs $\mathbf{e}_4$, $\mathbf{e}_5$ et $\mathbf{e}_6$ forment toujours un ensemble orthogonal quelque soient θ_4 et θ_6. De même, il est aussi apparent sur la figure 4.7 que les vecteurs $\mathbf{e}_1$, $\mathbf{e}_2$ et $\mathbf{e}_3$ forment toujours un ensemble orthogonal quelque soient θ_1 et θ_3. Notons que les deux ensembles de vecteurs orthogonaux $\{\mathbf{e}_i\}_{i=1}^{3}$

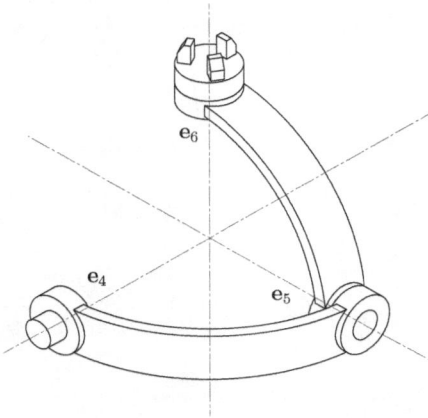

Figure 4.6 Les trois dernières membrures du manipulateur isotrope pour $\theta_5 = \pi/2$

et $\{e_i\}_{i=4}^{6}$ peuvent subir toute isométrie tout en maintenant l'isotropie de J', c'est pourquoi θ_4 peut prendre n'importe quelle valeur sans changer l'isotropie de J'. De même, la membrure 3, d'un angle α_3 (la dernière montrée à la fig. 4.7), peut aussi prendre n'importe quelle longueur sans changer l'isotropie de J'. Sans perte de généralité, nous avons arbitrairement choisi $\alpha_3 = \pi/2$. Il est intéressant de noter que bien que l'on ait un manipulateur 6R, seulement 4 articulations sont effectivement utilisées pour produire toutes les orientations de l'effecteur. Les articulations 2 et 5 ne tournent jamais. Cependant, la présence de leurs axes de rotation est nécessaire à l'isotropie de J'. Les axes X_2 et X_5 permettent de compléter les capacités de mobilité des autres axes, et ainsi, obtenir une capacité de mobilité égale dans toutes les directions. Les articulations 2 et 5 sont appelées articulations virtuelles, car elles restent bloquées.

Ainsi, le manipulateur sériel 6R sphérique isotrope peut être réalisé avec un manipulateur sériel 4R sphérique auquel deux articulations virtuelles sont ajoutées. La matrice Jacobienne associée au 6R (le 4R avec 2 articulations virtuelles) sera toujours isotrope, alors que celle du 4R ne sera pas

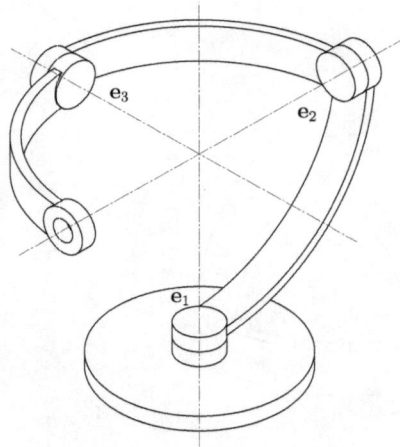

Figure 4.7 Les trois premières membrures du manipulateur isotrope pour $\theta_2 = \pi/2$

nécessairement isotrope sans les 2 articulations virtuelles. Nous avons montré que quelque soit la valeur de θ_3, le manipulateur associé à $\mathbf{J}'$ garde une configuration isotrope. Par conséquent, en donnant à θ_3 une valeur qui reste constante dans le temps, nous obtenons toujours un manipulateur qui garde constamment une configuration constante. Ainsi le manipulateur 6R sphérique isotrope peut aussi être réalisé avec un manipulateur 3R sphérique auquel trois articulations virtuelles sont ajoutées.

Dans la pratique, il ne s'agit pas d'inclure les articulations virtuelles dans la fabrication du manipulateur, mais simplement de les inclure dans le calcul afin d'avoir une meilleure précision dans le calcul.

4.4.3 Exemple de trajectoire isotrope continue

Soit la courbe $\Im$ définie par

$$\Im = \{M \in \mathbf{S}, \; \overrightarrow{OM} = [-S_\phi C_{2\phi} \quad S_\phi S_{2\phi} \quad -C_\phi]^T , \; \phi \in]0, \pi[\} \qquad (4.19)$$

La figure 4.8(a) illustre, en pointillé, la courbe parcourue par le point O_6 intersection de l'axe de la dernière articulation du manipulateur avec la sphère unitaire, c'est-à-dire la courbe $\Im$; le manipulateur 6R garde constamment une configuration isotrope. Les figures 4.8(b), 4.8(c), 4.9(a) et 4.9(a) illustrent, en pointillé, les courbes parcourues respectivement par les points O_5, O_4, O_3 et O_2. La première articulation, étant évidement fixe, est donc non illustrée.

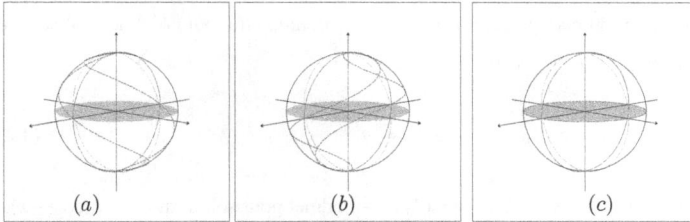

Figure 4.8 Parcours des points O_i du manipulateur 6R isotrope : a) point O_6; b) point O_5; c) point O_4

4.4.4 Espace de travail

Les coordonnées du vecteur $\mathbf{e}_6$ qui porte l'axe de la dernière articulation sont

$$\mathbf{e}_6 = [-S_\phi C_\theta \quad S_\phi S_\theta \quad -C_\phi]^T \qquad (4.20)$$

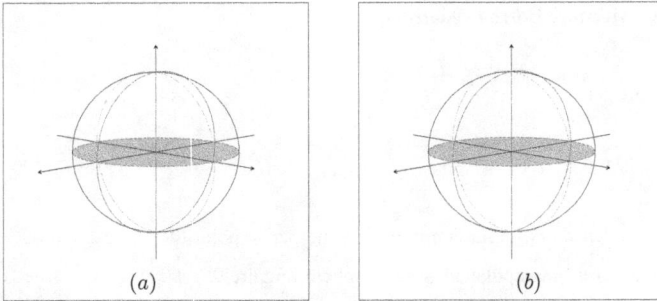

Figure 4.9 Parcours des points O_i du manipulateur 6R isotrope : a) point O_3; b) point O_2

Soit $M(x, y, z)$ un point quelconque de **S**, on a alors $x^2 + y^2 + z^2 = 1$. Pour savoir si le centre de la dernière articulation du manipulateur associé à **J**′ peut atteindre tout point de **S**, il suffit de montrer qu'il existe $(\theta, \phi) \in [0, 2\pi] \times [0, \pi]$ tel que

$$-S_\phi C_\theta = x, \quad S_\phi S_\theta = y, \quad -C_\phi = z \tag{4.21}$$

Nous avons alors $M \in S \implies z \in [-1, 1] \implies C_\phi = -z$ admet pour solutions $\phi_0 = \arccos(-z)$.

On a la résolution du système suivant pour $\phi_0 \neq 0$

$$C_\theta = -\frac{x}{S_{\phi_0}}, \quad S_\theta = \frac{y}{S_{\phi_0}} \tag{4.22}$$

qui admet une solution θ puisque nous avons bien $x^2 + y^2 = S_\phi^2$. Si $\phi_0 = 0$ alors on a $M = (0, 0, -1)$ position du pôle sud de la sphére.

Par conséquent si $\phi \neq 0$ $\exists \theta_0 \in [0, 2\pi]$ tel que (4.22) soit vérifié, donc $\exists (\theta_0, \phi_0) \in [0, 2\pi] \times [0, \pi]$ tel que (4.21) soit vérifié, donc le centre de la derniére articulation du manipulateur associé à **J**′ peut atteindre tout point de **S** à condition qu'il n'y ait pas de collision entre les articulations lors des déplacements.

4.4.5 Manipulateur 6R sphérique dérivé

Du manipulateur 6R sphérique isotrope pour toute orientation de l'effecteur que nous venons d'étudier, nous pouvons déduire plusieurs autres manipulateurs 6R sphériques isotropes pour toute orientation de leur effecteur ayant d'autres paramètres. Pour déterminer ces autres architectures, nous débuterons avec le manipulateur étudié dans la section 4.4.2 ayant pour jacobienne $\mathbf{J}' = [\mathbf{e}_1 \quad \mathbf{e}_2 \quad \mathbf{e}_3 \quad \mathbf{e}_5 \quad \mathbf{e}_6]$ que nous reproduisons

$$\mathbf{J}' = \begin{bmatrix} 0 & S_\theta & C_\theta & -S_\theta & C_\phi C_\theta & -S_\phi C_\theta \\ 0 & C_\theta & -S_\theta & -C_\theta & -C_\phi S_\theta & S_\phi S_\theta \\ 1 & 0 & 0 & 0 & -S_\phi & -C_\phi \end{bmatrix} \qquad (4.23)$$

Si dans les composantes des vecteurs $\mathbf{e}_2$ et $\mathbf{e}_3$ nous substituons $\theta + \theta'$ à θ où θ' est une constante de l'intervalle $]0, \pi/2[$, $\mathbf{J}'$ devient

$$\mathbf{J}'' = \begin{bmatrix} 0 & S_{\theta+\theta'} & C_{\theta+\theta'} & -S_\theta & C_\phi C_\theta & -S_\phi C_\theta \\ 0 & C_{\theta+\theta'} & -S_{\theta+\theta'} & -C_\theta & -C_\phi S_\theta & S_\phi S_\theta \\ 1 & 0 & 0 & 0 & -S_\phi & -C_\phi \end{bmatrix} \qquad (4.24)$$

L'angle α_3 formé par les axes Z_3 et Z_4 devient alors

$$C_{\alpha_3} = \cos(\mathbf{e}_3, \mathbf{e}_4) = \mathbf{e}_3^T \mathbf{e}_4 = S_{\theta'} \neq 0$$

d'où $\alpha_3 = \pi/2 + \theta'$ ou $\alpha_3 = \pi/2 - \theta'$. Par contre, l'angle entre les axes de rotation des 2ème et 3ème articulations n'a pas varié, car elles ont été décalées du même angle θ' toutes les deux par rapport à leur état initial.

La matrice $\mathbf{J}''$ est isotrope, les paramètres du manipulateur 6R sphérique qu'elle représente sont différents de ceux du manipulateur dont dérive $\mathbf{J}'$. Ainsi, pour chaque valeur de $\theta' \in]0, \pi/2[$, nous obtenons un nouveau design d'un manipulateur 6R sphérique.

4.5 Conclusion

Il existe un manipulateur 6R sphérique, présenté dans la section 4.3 nommé M_1, dont l'espace de travail est toute la sphère et pour lequel non seulement toute la demi-sphère inférieure ouverte est une surface isotrope continue, c'est-à-dire que le manipulateur reste constamment dans une configuration isotrope lorsque son manipulateur parcourt sur toute la demi-sphère inférieure ouverte, mais son effecteur peut parcourir toute la demi-sphère inférieure ouverte en suivant n'importe quelle courbe pendant que le manipulateur garde une configuration isotrope. Ce manipulateur possède deux articulations qui doivent rester fixes, il est équivalent à manipulateur 4R sphérique M_1'. La dextérité et la manipulabilité de M_1 sont constantes sur tout son espace de travail. Par contre, celles de M_1' sont variables. M_1' n'a aucune configuration isotrope.

Il existe un manipulateur sériel 6R sphérique, présenté dans la section 4.4 nommé M_2, qui garde constamment une configuration isotrope pour toutes les orientations de son effecteur. Ses membrures doivent être de longueur $\alpha_i = \pi/2$, sauf pour la troisième membrure, de longueur α_3, qui peut prendre n'importe quelle valeur non nulle. De même, les articulations θ_2 et θ_5 doivent être maintenues à $\pi/2$ pour toutes les orientations de l'effecteur. Ainsi, les articulations θ_1, θ_3, θ_4 et θ_6 permettent d'obtenir toutes les orientations de l'effecteur tout ayant constamment le manipulateur dans une configuration isotrope. À notre connaissance, ce manipulateur sériel 6R sphérique est le seul manipulateur sériel dans la littérature à conserver une configuration isotrope sur tout son espace de travail. À ce manipulateur sériel 6R sphérique ayant une configuration isotrope pour toutes les orientations de son effecteur, on peut associer un manipulateur sériel 4R sphérique M_2' qui aura nécessairement la même dextérité mais dont la matrice jacobienne n'est pas isotrope en aucun point de tout l'espace de travail. Cependant, M_2' reste constamment au voisinage de l'isotropie, le conditionnement de sa jacobienne est constant est vaut $\sqrt{2}$ qui est aussi la valeur sa manipulabilité.

CHAPITRE 5

MANIPULATEUR 4R SÉRIEL ISOTROPE EN POSITIONNEMENT SUR UNE SPHÈRE

5.1   Introduction

Dans ce chapitre, nous montrons qu'il existe un manipulateur sériel 4R non sphérique dont l'effecteur peut atteindre tous les points de la sphère pendant que le manipulateur conserve constamment une configuration isotrope en positionnement. À notre connaissance, ce manipulateur est le
seul manipulateur sériel non sphérique dans la littérature ayant plus que des configurations fixes
isotropes en positionnement et à conserver constamment une configuration isotrope en positionnement pendant que son effecteur parcourt une courbe continue non triviale ou une surface.

Dans [24], le concept d'isotropie a été utilisé pour concevoir des manipulateurs sériels redondants pour lesquelles certaines règles peuvent être énoncées. L'isotropie d'un manipulateur sériel
sphérique nR n'est pas affectée par la variation de la première et de la dernière articulation, soient
1 et n. Par contre, pour un manipulateur sériel non sphérique l'isotropie n'est pas affectée par la
variation de la première articulation, mais peut l'être par la variation de la dernière. Dans le cas
de manipulateurs à mobilité sphérique, la matrice jacobienne a déjà des dimensions homogènes.
Pour un manipulateur non sphérique, si l'on cherche à obtenir uniquement l'isotropie de positionnement, on obtient une matrice B aux dimensions homogènes mais non adimensionnelles. Ses
composantes ont la dimension d'une distance.

Les définitions de courbe continue isotrope non triviale et de surface isotrope d'un manipulateur ont été données dans le chapitre 2. La plupart des publications dans la littérature traitent de
manipulateurs ayant un nombre fini de configurations isotropes fixes, et par conséquent, n'ont pas
de parcours isotrope continu. Des travaux traitant de l'isotropie ont été réalisés par Angeles et

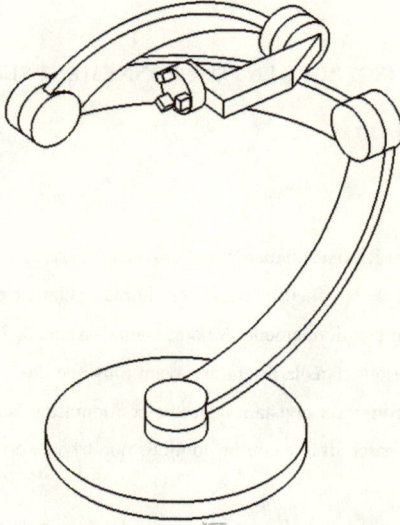

Figure 5.1 Manipulateur sériel 4R isotrope en positionnement sur une sphère

Ranjbaran qui ont conçu et construit le manipulateurs REDIESTRO. Owen R. Williams a étudié et construit le manipulateur DIESTRO. Ils sont tous deux globalement isotropes, c'est-à-dire en même temps isotropes en orientation et en positionnement. Mais, en ce qui concerne DIESTRO et REDIESTRO, une seule configuration isotrope a été présentée.

Dans le présent chapitre, nous démontrons qu'il existe un manipulateur sériel 4R non sphérique, dont l'effecteur peut atteindre n'importe quelle point d'une sphère tout en conservant une configuration isotrope en positionnement. Contrairement aux manipulateurs sphériques de [40] et [41], ce manipulateur n'a aucune configuration isotrope en orientation dans l'ensemble des configurations que nous avons étudiées.

5.2 Définitons

Nous rappelons que la relation cinématique entre le torseur de vitesse de l'effecteur, noté $\mathbf{t}$, et le vecteur vitesse des articulations, noté $\dot{\boldsymbol{\theta}}$, d'un manipulateur sériel ayant n articulations rotoïdes est donné par [2]:

$$\mathbf{t} = \mathbf{J}\dot{\boldsymbol{\theta}}, \quad \dot{\boldsymbol{\theta}} \equiv [\dot{\theta}_1\ \dot{\theta}_2\ \cdots\ \dot{\theta}_n]^T, \quad \mathbf{t} \equiv \begin{bmatrix} \boldsymbol{\omega} \\ \dot{\mathbf{p}} \end{bmatrix}, \tag{5.1}$$

$$\mathbf{J} = \begin{bmatrix} \mathbf{A} \\ \mathbf{B} \end{bmatrix}, \quad \mathbf{A} \equiv [\mathbf{e}_1\ \mathbf{e}_2\ \cdots\ \mathbf{e}_n], \quad \mathbf{B} \equiv [\mathbf{e}_1 \times \mathbf{r}_1\ \mathbf{e}_2 \times \mathbf{r}_2\ \cdots\ \mathbf{e}_n \times \mathbf{r}_n] \tag{5.2}$$

Un manipulateur est isotrope en positionnement si

$$\mathbf{B}\mathbf{B}^\mathbf{T} = \lambda\mathbf{I} \tag{5.3}$$

Toute configuration articulaire isotrope en positionnement $\boldsymbol{\theta}_I$ (telle que l'éq.(5.3) est satisfaite) est toujours indépendante de θ_1, c'est-à-dire que $\boldsymbol{\theta}_I = [\theta_2\ \cdots\ \theta_n]^T$.

Propriété 4 : Il n'existe pas de manipulateur sériel 3R spatial ayant un parcours continu isotrope en positionnement.

Preuve :
La matrice $\mathbf{B} = [\mathbf{e}_1 \times \mathbf{r}_1\ \mathbf{e}_2 \times \mathbf{r}_2\ \mathbf{e}_3 \times \mathbf{r}_3]$ pour un manipulateur sériel 3R spatial est une matrice de dimension 3×3. Soit

$$\mathbf{B} = \begin{bmatrix} a & u & x \\ b & v & y \\ c & w & z \end{bmatrix}.$$

Il existe une rotation $\mathbf{R}$ de matrice $\mathbf{M}_R$ telle que

$$\mathbf{M}_R\mathbf{B} = \begin{bmatrix} A & U & X \\ 0 & V & Y \\ 0 & 0 & Z \end{bmatrix}.$$

Pour que $\mathbf{B}$ soit isotrope, il faut et il suffit que

$$A^2 + U^2 + X^2 = L^2$$
$$V^2 + Y^2 = L^2$$
$$Z^2 = L^2$$
$$UV + XY = 0 \qquad (5.4)$$
$$XZ = 0$$
$$YZ = 0$$

où L est une constante non nulle.

On en conclut d'après $Z^2 = L^2$ que Z est une constante non nulle. Mais puisque $XZ = 0$ et $YZ = 0$, on a alors $X = 0$ et $Y = 0$. Par conséquent, $V^2 = L^2$ et donc $U = 0$.
La matrice $\mathbf{R}\mathbf{B}$ est nécessairement de la forme

$$\begin{bmatrix} A & 0 & 0 \\ 0 & V & 0 \\ 0 & 0 & Z \end{bmatrix}.$$

Comme A, V et Z ne peuvent prendre que les valeurs $\pm L$, il n'existe donc au plus que 8 configurations isotropes en positionnement pour un manipulateur sériel 3R spatial. Par conséquent, un manipulateur sériel 3R spatial ne peut avoir de parcours continu isotrope en positionnement. Sans perte de généralité, on peut prendre $A = L$, ce qui donne en réalité 4 configurations isotropes en positionnement pour un manipulateur sériel 3R, comme c'est le cas pour un manipulateur 3R sphérique isotrope en orientation.

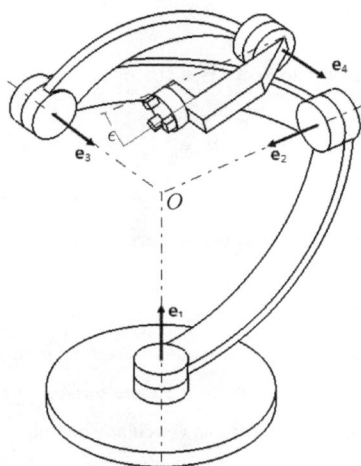

Figure 5.2 Manipulateur sériel 4R avec une rotation ϵ de la 4$\grave{e}me$ articulation

5.3 Formulation du problème

5.3.1 Propriétés du produit vectoriel

Soient les vecteurs $\mathbf{i} = \begin{bmatrix} 1 & 0 & 0 \end{bmatrix}^T$, $\mathbf{j} = \begin{bmatrix} 0 & 1 & 0 \end{bmatrix}^T$, $\mathbf{k} = \begin{bmatrix} 0 & 0 & 1 \end{bmatrix}^T$ et $\mathbf{v} = \begin{bmatrix} x & y & z \end{bmatrix}^T$. Nous avons

$$\mathbf{i} \times \mathbf{v} = \begin{bmatrix} 0 \\ -z \\ y \end{bmatrix}, \quad \mathbf{j} \times \mathbf{v} = \begin{bmatrix} z \\ 0 \\ -x \end{bmatrix}, \quad \mathbf{k} \times \mathbf{v} = \begin{bmatrix} -y \\ x \\ 0 \end{bmatrix} \tag{5.5}$$

On constate ainsi que pour un vecteur donné, la coordonnée selon un axe de coordonnées n'intervient pas dans le résultat du produit vectoriel de ce vecteur avec le vecteur portant cette direction. Cette constatation simple va nous permettre de positionner les articulations du manipulateur, que nous cherchons à réaliser, selon certaines directions pour avoir une matrice jacobienne $\mathbf{B}$ plus simple à rendre isotrope.

Soit $\mathbf{R}$ une rotation dans $\mathbb{R}^3$, nous avons pour tous vecteurs $\mathbf{u}$ et $\mathbf{v}$ de $\mathbb{R}^3$

$$\mathbf{R}(\mathbf{u} \times \mathbf{v}) = \mathbf{R}(\mathbf{u}) \times \mathbf{R}(\mathbf{v}) \tag{5.6}$$

5.3.2 Conception par étapes d'un manipulateur ayant un parcours continu isotrope en positionnement

Comme nous ne cherchons pas seulement une seule configuration isotrope pour notre manipulateur, mais un parcours continu d'isotropie en positionnement ou une surface connexe d'isotropie en positionnement, nous choisissons initialement un parcours circulaire de l'effecteur étant donné que le manipulateur, que nous voulons concevoir, est sériel à articulations rotoïdes, le parcours circulaire du point d'application de l'effecteur est alors le parcours le plus simple à obtenir.

Soit O_4 le centre de la quatrième articulation et P le point d'action de l'effecteur, posons la longueur $O_4P = l$.

En utilisant la constatation faite dans la section 5.3.1, nous choisissons alors les vecteurs e_i et les points O_i de manière à positionner les articulations aux coordonnées qui nous conviennent le mieux. Ainsi, considérons un manipulateur 4R sériel dont le référentiel de base est attaché à $O_1 = (0,\ 0,\ 0)$ et positionnons les points O_2, O_3 et O_4 origines des repères F_2, F_3 et F_4 respectivement, aux coordonnées suivantes : $(0,\ 1,\ 1)$, $(-1,\ 0,\ 1)$ et $(0,\ 1-l,\ 1+l)$ avec $0 < l < 1$, et plaçons l'effecteur de manière à ce que son point d'application P ait initialement pour coordonnées $(0,\ 0,\ 1+l)$. De même que l, toutes les coordonnées sont des longueurs.

Initialement, nous prendrons les vecteurs

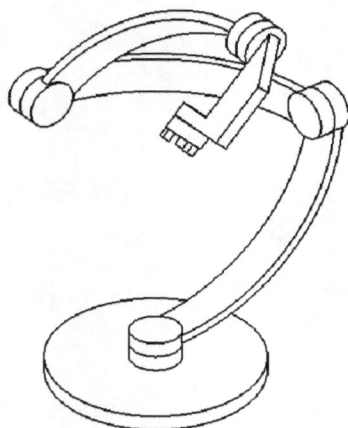

Figure 5.3 Manipulateur sériel 4R avec une rotation $\epsilon = \frac{\pi}{4}$ de la 4*ème* articulation

$$\mathbf{e}_1 = \begin{bmatrix} 0 \\ 0 \\ 1 \end{bmatrix}, \quad \mathbf{e}_2 = \begin{bmatrix} 0 \\ -1 \\ 0 \end{bmatrix}, \quad \mathbf{e}_3 = \begin{bmatrix} 1 \\ 0 \\ 0 \end{bmatrix}, \quad \mathbf{e}_4 = \mathbf{e}_3$$

comme vecteurs directeurs respectivement des axes des articulations 1, 2, 3, et 4. Les axes des trois premières articulations s'intersectent en O. On a alors $OO_1 = OO_2 = OO_3 = 1$.

Nous avons initialement

$$\overrightarrow{O_1P} = \mathbf{r}_1 = \begin{bmatrix} 0 \\ 0 \\ 1+l \end{bmatrix}, \quad \overrightarrow{O_2P} = \mathbf{r}_2 = \begin{bmatrix} 0 \\ -1 \\ l \end{bmatrix},$$

$$\overrightarrow{O_3P} = \mathbf{r}_3 = \begin{bmatrix} 1 \\ 0 \\ l \end{bmatrix} \quad \text{et} \quad \overrightarrow{O_4P} = \mathbf{r}_4 = \begin{bmatrix} 0 \\ -l \\ 0 \end{bmatrix}$$

Effectuons une rotation d'angle θ autour de l'axe X_3, alors $\theta_3 = \theta$, sa matrice de rotation est

$$R_{X_\theta} = \begin{bmatrix} 1 & 0 & 0 \\ 0 & C_\theta & -S_\theta \\ 0 & S_\theta & C_\theta \end{bmatrix} \tag{5.7}$$

Suite à la rotation d'angle θ autour de l'axe X_3, les vecteurs $\{\mathbf{r}_i\}_{i=1}^4$ deviennent

$$\mathbf{r}_1 = \begin{bmatrix} 0 \\ -lS_\theta \\ 1 + lC_\theta \end{bmatrix}, \quad \mathbf{r}_2 = \begin{bmatrix} 0 \\ -1 - lS_\theta \\ lC_\theta \end{bmatrix},$$

$$\mathbf{r}_3 = \begin{bmatrix} 1 \\ -lS_\theta \\ lC_\theta \end{bmatrix} \quad \text{et} \quad \mathbf{r}_4 = \begin{bmatrix} 0 \\ -lC_\theta \\ -lS_\theta \end{bmatrix}.$$

Ainsi, nous obtenons les produits vectoriels

$$\mathbf{e}_1 \times \mathbf{r}_1 = \begin{bmatrix} lS_\theta \\ 0 \\ 0 \end{bmatrix}, \quad \mathbf{e}_2 \times \mathbf{r}_2 = \begin{bmatrix} -lC_\theta \\ 0 \\ 0 \end{bmatrix},$$

$$\mathbf{e}_3 \times \mathbf{r}_3 = \begin{bmatrix} 0 \\ -lC_\theta \\ -lS_\theta \end{bmatrix} \quad \text{et} \quad \mathbf{e}_4 \times \mathbf{r}_4 = \begin{bmatrix} 0 \\ lS_\theta \\ -lC_\theta \end{bmatrix}$$

La matrice jacobienne B telle que $\dot{\mathbf{p}} = \mathbf{B}\dot{\boldsymbol{\theta}}$ est alors

$$\mathbf{B} = \begin{bmatrix} lS_\theta & -lC_\theta & 0 & 0 \\ 0 & 0 & -lC_\theta & lS_\theta \\ 0 & 0 & -lS_\theta & -lC_\theta \end{bmatrix} \tag{5.8}$$

Il est aisé de vérifier que la matrice B est isotrope : $\mathbf{B}\mathbf{B}^T = l^2\mathbf{I}$.

Soit la rotation d'angle ϕ autour de la première articulation dont l'axe de rotation est porté par le vecteur $\mathbf{k}$ dont la matrice est $\mathbf{R}_{Z_\phi}$. D'après la propriété 2, les isométries conservent l'isotropie, donc la matrice $\mathbf{B}' = \mathbf{R}_{Z_\phi} \mathbf{B}$ est isotrope.

$$\mathbf{R}_{Z_\phi} = \begin{bmatrix} C_\phi & -S_\phi & 0 \\ S_\phi & C_\phi & 0 \\ 0 & 0 & 1 \end{bmatrix} \tag{5.9}$$

d'où

$$\mathbf{B}' = \begin{bmatrix} lS_\theta C_\phi & -lC_\theta C_\phi & lC_\theta S_\phi & -lS_\theta S_\phi \\ lS_\theta S_\phi & -lC_\theta S_\phi & -lC_\theta C_\phi & lS_\theta C_\phi \\ 0 & 0 & -lS_\theta & -lC_\theta \end{bmatrix} \tag{5.10}$$

Ainsi, le manipulateur 4R garde constamment une configuration isotrope en positionnement quelque soient les valeurs des angles θ et ϕ, c'est-à-dire quelques soient les rotations effectuées par la première ou la troisième articulation.

5.4 Paramètres de Denavit-Hartenberg du manipulateur

Les paramètres de Denavit-Hartenberg associés au manipulateur 4R isotrope en positionnement sont obtenus comme suit: toutes les directions $\{Z_i\}_{i=1}^3$ des vecteurs $\{\mathbf{e}_i\}_{i=1}^3$ se coupent au centre O de la sphère unitaire. Les axes $\{X_i\}_{i=2}^3$ sont portés par les vecteurs $\mathbf{x}_i$ tels que $\mathbf{x}_i = \mathbf{e}_{i-1} \times \mathbf{e}_i$. Les angles $\alpha_i = (\widehat{\mathbf{e}_i, \mathbf{e}_{i+1}})$ sont mesurés par rapport à l'orientation positive de X_{i+1}. Les angles $\theta_i = (\widehat{\mathbf{x}_i, \mathbf{x}_{i+1}})$ sont mesurés par rapport à l'orientation positive de Z_i.

D'après la figure 5.2, nous avons

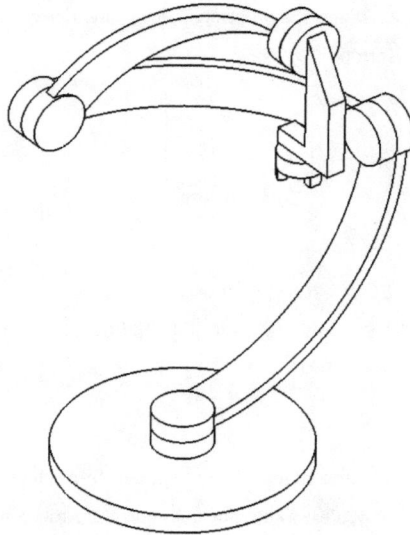

Figure 5.4 Manipulateur sériel 4R avec une rotation $\epsilon = \frac{\pi}{2}$ de la 4ème articulation

La norme $\| \overrightarrow{O_4 P} \|$ est égale à l. L'angle θ_2 doit être maintenu constant, les angles θ_1 et θ_3 pouvant prendre n'importe quelle valeur entre $[0, 2\pi]$. Il est apparent sur la figure 5.4 que les vecteurs $\mathbf{e}_1$, $\mathbf{e}_2$ et $\mathbf{e}_3$ forment un ensemble orthogonal quelque soient les angles θ_1 et θ_3. Nous avons un manipulateur $4R$, mais seulement deux articulations pour faire parcourir au point d'application P de l'effecteur toute la sphère, les articulations 2 et 4 restent bloquées. Cependant, la présence de leur axe de rotation est nécessaire pour obtenir l'isotropie en positionnement de $\mathbf{B}'$ et de son manipulateur associé. Les articulations 2 et 4 sont appelées articulations *virtuelles*, car elles doivent être présentes sans jamais tourner. Ainsi, le manipulateur sériel 4R isotrope en positionnement est réalisé par un manipulateur sériel 2R auquel est ajouté deux articulations rotoïdes virtuelles. La matrice jacobienne associée au manipulateur 4R sera isotrope en positionnement alors que celle du 2R ne le sera pas nécessairement sans les deux articulations virtuelles.

i	a_i	b_i	α_i	θ_i
1	0	1	$\pi/2$	θ_1
2	0	0	$\pi/2$	θ_2
3	$l\sqrt{2}$	0	0	θ_3
4	0	0	$\pi/2$	θ_4

Tableau 5.1 Paramètres de Denavit-Hartenberg

On voit d'après la figure 5.2 que $\epsilon = \theta_4 + \pi/2$.

À partir des configurations isotropes en positionnement du manipulateur 4R que nous avons étudié ci-dessus, considérons le manipulateur de la figure 5.4. On peut vérifier aisément que les configurations de ce dernier obtenues à partir de rotations autour de l'axe X_2 de la deuxième articulation ne sont pas des configurations isotropes.

5.5 Évolution du conditionnement de la jacobienne

L'état d'isotropie est l'état où la distance aux singularités du manipulateur est maximale. À l'état d'isotropie, le conditionnement de la matrice jacobienne est égal à 1. Plus un manipulateur s'éloigne de l'état d'isotropie plus le conditionnement de sa matrice jacobienne croît.

L'un des quantificateurs de la dextérité d'un manipulateur ayant pour matrice jacobienne $\mathbf{B}'$ est l'inverse du minimum du conditionnement de $\mathbf{B}'$ sur l'espace de travail choisi [2] :

$$KCI = \frac{1}{min_{\kappa(B')}} \times 100 \qquad (5.11)$$

KCI (Kinematic Conditionning Index) en tant qu'indice de performance cinématique, $min_{\kappa(B')}$ est le conditionnement minimum de la matrice B' sur l'espace de travail considéré. Comme le conditionnement appartient à l'intervalle $[1 , \infty[$, on voit que le KCI appartient à l'intervalle

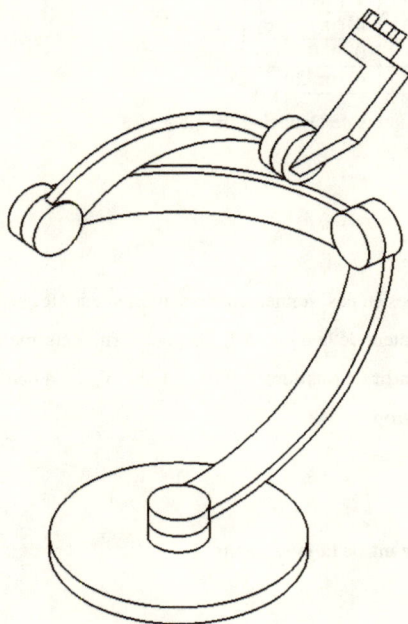

Figure 5.5 Manipulateur sériel 4R avec une rotation $\epsilon = \frac{5\pi}{4}$ de la 4*ème* articulation

]0 , 100]. Ainsi, le manipulateur a une dextérité cinématique d'autant plus performante que son *KCI* est proche de 100. Lorsque le KCI vaut 100 le manipulateur se trouve dans une configuration isotrope. L'indice KCI est un indice global, il se calcule sur tout l'espace de travail considéré. Comme nous voulons faire étude locale plus précise, utilisons simplement l'inverse du conditionnement comme indice de performance.

Lorsque θ_2 et θ_4 restent constants, le manipulateur 4R reste constamment isotrope en positionnement. Pour étudier la variation de la distance aux singularités du manipulateur, faisons varier θ_4 d'une valeur ϵ et étudions la variation de l'inverse du conditionnement de la jacobienne du manipulateur 4R. Pour son calcul, considérons à chaque fois, comme espace de travail, la sphère obtenue à chaque variation θ_4. En effet, pour chaque valeur de ϵ que l'on garde fixe, le point d'action de l'effecteur reste sur une sphère quand les angles θ_1 et θ_3 varient. Pour chaque valeur différente de ϵ, la sphère parcourue par le point d'action de l'effecteur est différente. Comme on peut le constater sur la figure 5.2 où O est le centre de la sphère, les coordonnées du point d'action P de l'effecteur deviennent alors

$$\overrightarrow{OP} = \begin{bmatrix} 0 \\ l(1 - C_\epsilon) \\ l(1 - S_\epsilon) \end{bmatrix} \tag{5.12}$$

et dans la rotation autour de l'axe X_3 d'angle θ, nous avons

$$\begin{bmatrix} 1 & 0 & 0 \\ 0 & C_\theta & -S_\theta \\ 0 & S_\theta & C_\theta \end{bmatrix} \begin{bmatrix} 0 \\ l(1 - C_\epsilon) \\ l(1 - S_\epsilon) \end{bmatrix} = \begin{bmatrix} 0 \\ l(1 - C_\epsilon)C_\theta - l(1 - S_\epsilon)S_\theta \\ l(1 - C_\epsilon)S_\theta + l(1 - S_\epsilon)C_\theta \end{bmatrix}$$

d'où

$$\mathbf{r}_1 = \begin{bmatrix} 0 \\ l(1 - C_\epsilon)C_\theta - l(1 - S_\epsilon)S_\theta \\ 1 + l(1 - C_\epsilon)S_\theta + l(1 - S_\epsilon)C_\theta \end{bmatrix}$$

$$\mathbf{r}_2 = \begin{bmatrix} 0 \\ -1 + l(1 - C_\epsilon)C_\theta - l(1 - S_\epsilon)S_\theta \\ l(1 - C_\epsilon)S_\theta + l(1 - S_\epsilon)C_\theta \end{bmatrix}$$

$$\mathbf{r}_3 = \begin{bmatrix} 1 \\ l(1 - C_\epsilon)C_\theta - l(1 - S_\epsilon)S_\theta \\ l(1 - C_\epsilon)S_\theta + l(1 - S_\epsilon)C_\theta \end{bmatrix}$$

Lorsque $\epsilon = 0$, nous avons $\mathbf{r}_4 = -\mathbf{j}$. Dans la rotation autour de de l'axe X_4 d'angle ϵ, nous obtenons

$$
\mathbf{r}_4 = \begin{bmatrix} 1 & 0 & 0 \\ 0 & C_\theta & -S_\theta \\ 0 & S_\theta & C_\theta \end{bmatrix} \begin{bmatrix} 0 \\ -lC_\epsilon \\ -lS_\epsilon \end{bmatrix} = \begin{bmatrix} 0 \\ -lC_\epsilon C_\theta + lS_\epsilon S_\theta \\ -lC_\epsilon S_\theta - lS_\epsilon C_\theta \end{bmatrix}
$$

Ainsi, les composantes de la matrice jacobienne

$\mathbf{B}'' = [\mathbf{e}_1 \times \mathbf{r}_1 \quad \mathbf{e}_2 \times \mathbf{r}_2 \quad \mathbf{e}_3 \times \mathbf{r}_3 \quad \mathbf{e}_4 \times \mathbf{r}_4]$ s'écrivent

$$b''_{11} = -l(1 - C_\epsilon)C_\theta + l(1 - S_\epsilon)S_\theta$$

$$b''_{12} = -l(1 - C_\epsilon)S_\theta - l(1 - S_\epsilon)C_\theta$$

$$b''_{13} = 0$$

$$b''_{14} = 0$$

$$b''_{21} = 0$$

$$b''_{22} = 0$$

$$b''_{23} = -l(1 - C_\epsilon)S_\theta - l(1 - S_\epsilon)C_\theta \tag{5.13}$$

$$b''_{24} = lS_\theta C_\epsilon + lC_\theta S_\epsilon$$

$$b''_{31} = 0$$

$$b''_{32} = 0$$

$$b''_{33} = l(1 - C_\epsilon)C_\theta - l(1 - S_\epsilon)S_\theta$$

$$b''_{34} = -lC_\theta C_\epsilon + lS_\theta S_\epsilon$$

Sur la figure 5.6, on constate que le conditionnement de la matrice jacobienne tend vers l'infini quand ϵ tend vers $\pi/4$ ou $5\pi/4$, et tend vers 1 quand ϵ tend vers 0 ou $\pi/2$ ou 2π. La figure 5.7 représente l'évolution de l'inverse du conditionnement de la matrice jacobienne du manipulateur associé à $\mathbf{B}''$ en fonction de ϵ et quantifie la dextérité du manipulateur, cette dernière est un indice locale. Comme on le constate sur la figure 5.7, le manipulateur associé à $\mathbf{B}''$ a une sphère d'isotropie pour $\epsilon = 0$, $\epsilon = \pi/2$ ou $\epsilon = 2\pi$ et deux sphères de singularités pour $\epsilon = \pi/4$ ou $\epsilon = 5\pi/4$. La sphère d'isotropie en positionnement, figure 5.8, est centrée en O et de rayon l, elle est obtenue pour 3 valeurs de ϵ : 0 et $\pi/2$ et 2π. Ces 3 valeurs de ϵ sont à un angle de $\pi/4$ de part et d'autre du segment O_4O. L'angle $(\overrightarrow{O_4O}, \overrightarrow{O_4P})$ est égal à $\pi/4$ qui est la valeur de l'angle entre les deux membrures d'un manipulateur 2R planaire dans sa configuration isotrope. De même, on

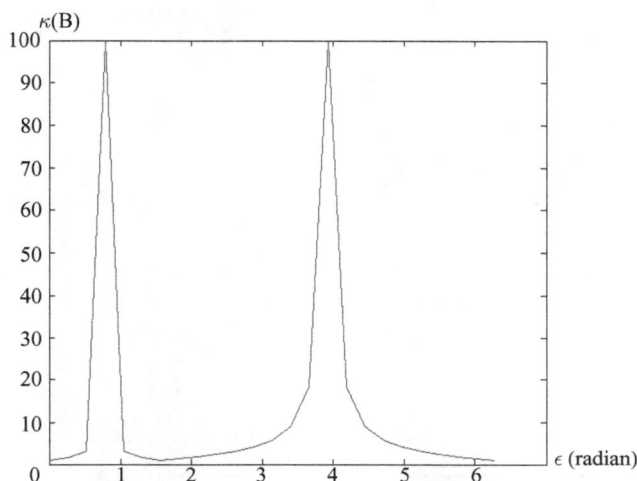

Figure 5.6 Graphe du conditionnement de la matrice jacobienne en fonction de ϵ

a $O_4P/O_4O = \sqrt{2}/2$, c'est aussi le rapport des longueurs des membrures d'un manipulateur 2R planaire dans sa configuration isotrope. Sur la sphère d'isotropie le manipulateur 4R garde une configuration isotrope quelle que soit la positionnement du point d'exécution de l'effecteur sur celle-ci.

Les figures 5.7 et 5.9 représentent respectivement l'évolution de l'inverse du conditionnement de B'' et l'évolution du $det(\mathbf{B}''\mathbf{B}''^T)$ en fonction de ϵ. On constate ainsi que sur l'espace de travail considéré, la dextérité représentée par l'inverse du conditionnement et la manipulabilité, représentée par le déterminant de la jacobienne par sa transposée, évoluent de manière similaire : elles s'annulent pour les mêmes valeurs $\epsilon = \pi/4$ et $\epsilon = 5\pi/4$, elles les mêmes valeurs de singularité. Pour chacune des fonctions, les valeurs pour $\epsilon = 0$, $\epsilon = \pi/2$ et $\epsilon = 2\pi$ sont égales et loin de la singularité.

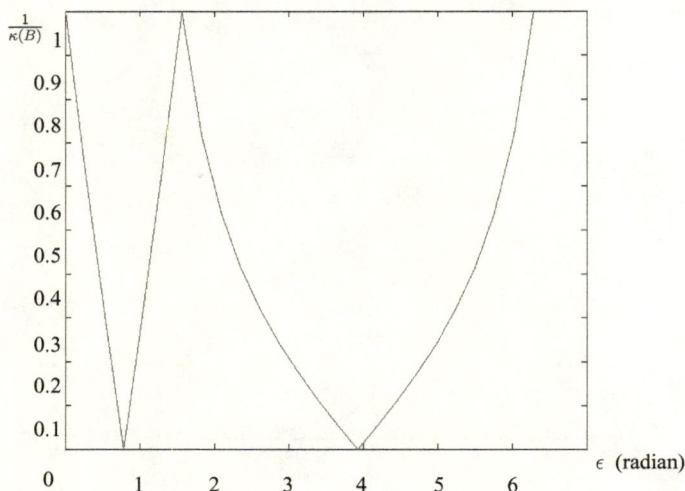

Figure 5.7 Graphe de l'inverse du conditionnement de la jacobienne en fonction de ϵ

Les sphères de singularités en positionnement, figures 5.10 et 5.11, sont centrées en O, point d'intersection des axes des 3 premières articulations Z_1, Z_2 et Z_3, et ont pour rayon $l(1 - \sqrt{2})$ et $l(1 + \sqrt{2})$, elles sont obtenues pour 2 valeurs de $\epsilon = \pi/4$ et $\epsilon = 5\pi/4$. Pour ces deux dernières valeurs de ϵ le point d'application P de l'effecteur se trouve sur le segment O_4O de part et d'autre de O_4 comme montré par les figures 5.10 et 5.11. Ces 2 positions nous donnent $OP = l(1 - \sqrt{2})$ ou $OP = l(1 + \sqrt{2})$ qui sont les rayons des deux sphères de singularité, car lorsque le point d'application P se trouve sur un point quelconque de l'une de ces deux sphères, le manipulateur 4R est dans une configuration singulière.

Cependant, la dextérité du manipulateur 4R, quantifiée par le conditionnement de sa jacobienne, reste constante sur toute sphère de centre O et de rayon l. Si par exemple nous voulons garder la dextérité du manipulateur 4R supérieure ou égale à 90%, c'est-à-dire $1/\kappa(B) \geq 0.9$, on doit alors

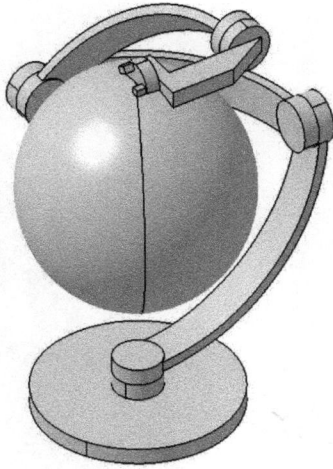

Figure 5.8 Sphère d'isotropie en positionnement du manipulateur sériel 4R spatial

avoir $-\pi/45 \leq \epsilon \leq \pi/45$, ce qui revient à avoir le rayon r de la sphère $l \geq r \geq 0.9305\, l$. Ainsi, dans tout le volume compris entre les sphères centrées en O de rayon l et $0.9305\, l$ le manipulateur a une dextérité supérieure à 90%.

Les figures 5.12 et 5.13 montrent que pour une valeur donnée ϵ, la manipulabilité et la dextérité restent constantes quelle que soit la valeur de θ, c'est-à-dire qu'elles restent constantes sur toute sphère centrée en O et de rayon compris entre $l(1 - \sqrt{2})$ et $l(1 + \sqrt{2})$.

5.6 Étude comparative de la dextérité et la manipulabilité du manipulateur 4R

La manipulabilité définie par [9], $W = \sqrt{|det(\mathbf{JJ}^T)|}$, fournit un index de dextérité que nous comparons à l'inverse du conditionnement lorsque l'angle θ_4 varie et place le point d'exécution P de

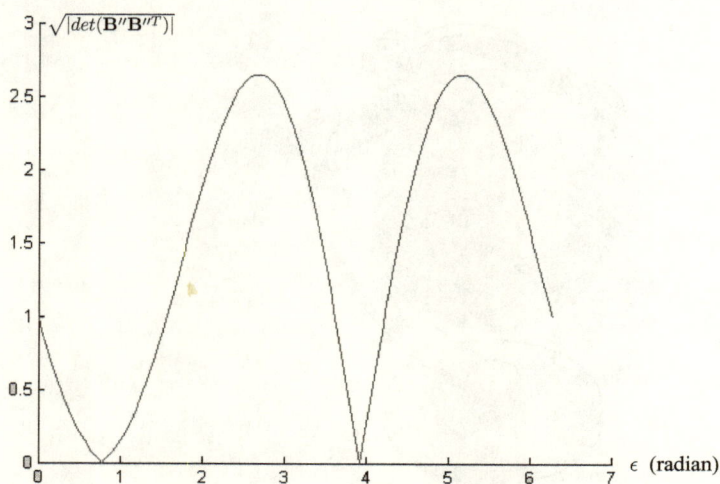

Figure 5.9 Manipulabilité en fonction de ϵ

l'effecteur sur des sphères différentes. La figure 5.9 montre l'évolution de la manipulabilité W en fonction de ϵ. On constate que W et l'inverse du conditionnement de la jacobienne évoluent de la même manière lorsque l'angle θ_4 varie, et ont un comportement similaire. En effet, tout comme le conditionnement, la manipulabilité reste constante sur toute sphère parcourue par le point d'application de l'effecteur, comme on le constate sur les figures 5.12 et 5.13.

5.7 Isotropie et singularité

Soient les matrices $\mathbf{A}$ et $\mathbf{B}''$ qui forment la matrice jacobienne

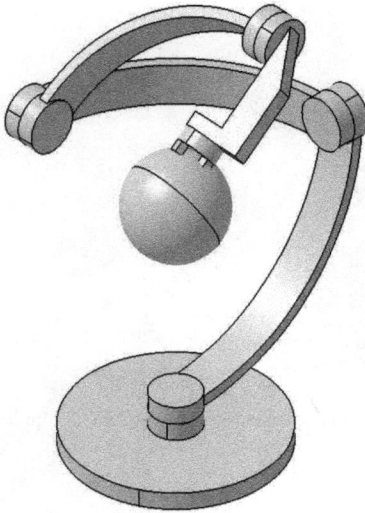

Figure 5.10 Première sphère de singularité en positionnement du manipulateur sériel 4R

$$J = \begin{bmatrix} A \\ B'' \end{bmatrix}$$

où $B(i,j) = b''_{i,j}$ sont les coefficients donnés en (5.13). Quelque soit la valeur de ϵ, nous avons

$$AA^T = \begin{bmatrix} 2 & 0 & 0 \\ 0 & 1 & 0 \\ 0 & 0 & 1 \end{bmatrix}$$

Ainsi, le conditionnement de la partie de sa matrice jacobienne représentant l'orientation est au voisinage de la valeur optimale puisque $\kappa_2(A) = \sqrt{2}$. Cependant comme le montre la figure 5.6, le conditionnement de la partie de la matrice jacobienne représentant le positionnement varie de 1 à l'infini. Pour $\epsilon = 0$, $\epsilon = \pi/2$ et $\epsilon = 2\pi$, nous avons

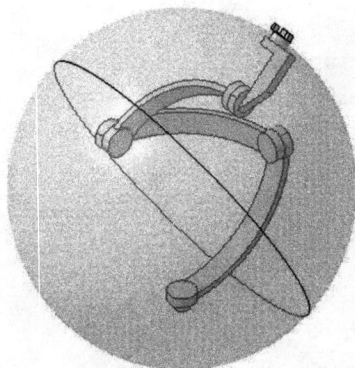

Figure 5.11 Deuxième sphère de singularité en positionnement du manipulateur
sériel 4R

$$\mathbf{B}''\mathbf{B}''^T = \begin{bmatrix} l^2 & 0 & 0 \\ 0 & l^2 & 0 \\ 0 & 0 & l^2 \end{bmatrix}$$

un conditionnement de $\kappa(\mathbf{B}'')$ optimal.

Mais en $\epsilon = \pi/4$ et $\epsilon = 5\pi/4$ le conditionnement $\kappa(\mathbf{B}'')$ est infini.

De même, le calcul des déterminants donne $\sqrt{|det(\mathbf{A}\mathbf{A}^T)|} = \sqrt{2}$ quelque soit ϵ, tandis que $\sqrt{|det(\mathbf{B}\mathbf{B}^T)|}$ varie de 0 à 2.7 selon les valeurs prises par ϵ comme le montre la figure 5.9. Ainsi sur tout le volume compris entre les 2 sphères de singularités, le conditionnement de $\mathbf{A}$ est dans le voisinage de la valeur optimale. Cet exemple montre qu'il est probablement possible de déterminer des manipulateurs qui gardent constamment une configuration isotrope non seulement sur un parcours continu ou une surface, mais peut-être même sur un volume. Il montre aussi qu'un même manipulateur peut en même temps être au voisinage de l'isotropie en orientation et au voisinage de la singularité en positionnement. L'inverse est aussi possible.

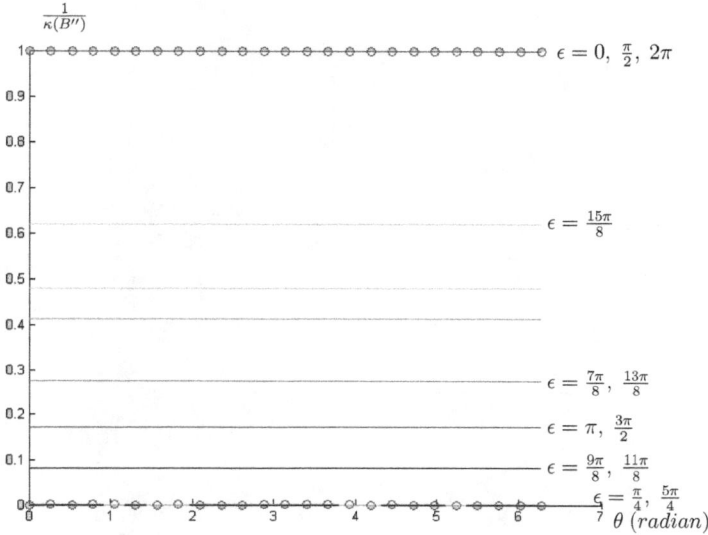

Figure 5.12 Inverse du conditionnement de la jacobienne en fonction de θ pour des valeurs fixes de ϵ

5.8 Conclusion

Nous avons montré l'existence d'un manipulateur 4R, reproduit dans la figure 5.1, qui garde constamment une configuration isotrope en positionnement lorsque le point d'ap-plication de son effecteur parcourt n'importe quelle courbe de la sphère de rayon l qui est la distance entre le point d'exécution de l'effecteur et l'origine O_4 du quatrième repère F_4. Les sphères de rayon $l(\sqrt{2} - 1)$ et $l(\sqrt{2} + 1)$ sont des sphères de singularités. Toutes les sphères comprises entre la sphère d'isotropie et les sphères de singularités sont des sphères sur lesquelles le conditionnement de la jacobienne $\mathbf{B}$ du manipulateur reste constant. En d'autres termes, la dextérité du manipulateur sériel 4R étudié est constante sur toute sphère comprise entre les sphères de singularités, et elle est maximale sur la sphère d'isotropie. Nous avons aussi montré que le conditionnement $\kappa(\mathbf{B})$ et la manipulabilité $W = \sqrt{|det(\mathbf{B}\mathbf{B}^T)|}$ ont un comportement tout à fait similaire sur tout

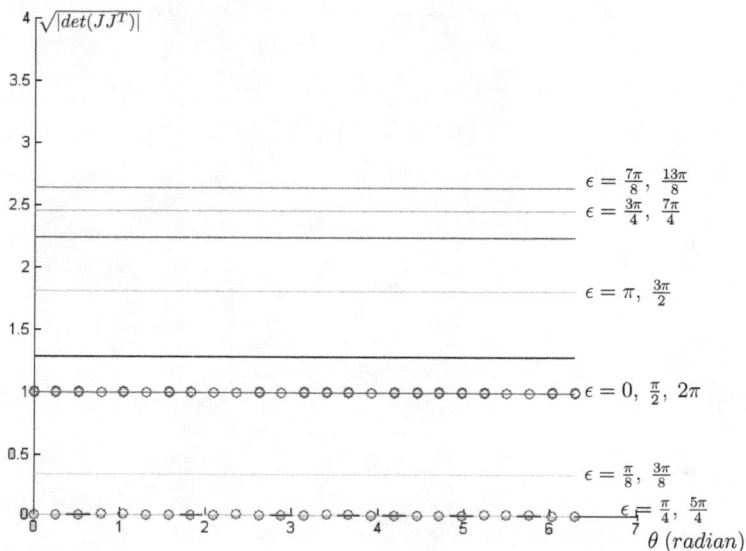

Figure 5.13 Racine du déterminant de $\mathbf{B}''\mathbf{B}''^{T}$ en fonction de θ pour des valeurs fixes de ϵ

l'espace de travail obtenu en gardant fixe la deuxième articulation (θ_2 constant), et donc aussi tant au voisinage des singularités que de l'isotropie.

Pour les manipulateurs non sphériques, une différence importante entre la manipulabilité et le conditionnment de la jacobienne est l'insensibilité de la manipulabilité à la taille de l'effecteur; ce qui n'est pas le cas du conditionnement de la jacobienne. Pour les manipulateurs sphériques cette différence n'existe pas.

CONCLUSION

La dextérité d'un manipulateur est de plus en plus considérée comme une caractéristique importante pour la réalisation toujours plus adéquate des tâches à accomplir. Dans ce contexte, l'étude de l'isotropie des manipulateurs comme indice de dextérité a été, dans cette thèse, étudiée en détail à travers le conditionnement de la matrice jacobienne. La dextérité est considérée comme une mesure de la distance aux singularités. Dans la revue de littérature, les différents indices de dextérité ont été présentés. Ces indices se veulent une caractérisation de la performance cinétostatique du manipulateur. Dans le présent travail, la recherche de la dextérité maximale a été le but de cette thèse. Certains résultats obtenus dans ce travail de recherche sont entièrement nouveaux : des parcours isotropes continus et des surfaces isotropes. Les premières publications concernant des parcours isotropes continus et des surfaces isotropes connexes ont été les travaux présentés dans cette thèse. Auparavant, il n'existait dans la littrature que des configurations fixes de manipulateurs isotropes en lesquelles la dextérité est optimale. L'apport de ce travail de recherche est ainsi entièrement nouveau, il a permis d'élargir l'utilisation de la notion d'isotropie à des ensembles de configurations isotropes plus vastes.

Le but et le sens de la recherche y ont été exposés, centrés sur les courbes continues isotropes et les surfaces isotropes. La revue de littrature a été incluse dans l'introduction. Les différents travaux de la littérature traitant de l'isotropie des manipulateurs sériels y ont été mentionnés, ainsi que ceux traitant des différents index de mesure de la dextérité des manipulateurs.

Dans le chapitre 2, le conditionnement des matrices a été présenté et utilisé pour évaluer les performances cinématiques des manipulateurs. En partant des matrices carrées, le conditionnement des matrices rectangulaires des systèmes sous-dimensionnés ou sur-dimensionnés a été présenté. Le conditionnement a alors été utilisé pour définir l'isotropie des matrices carrées ou rectangulaires et en voir une illustration géométrique. La distance, plus ou moins grande, du conditionnement des matrices jacobiennes de l'isotropie, a été considérée comme une quantification de leur dextérité cinématique. Les principales voies de détermination d'un design isotrope ont été mentionnées comme optimisation d'une fonction objectif qui mesure la distance à l'isotropie et le calcul algébrique par la résolution partielle du système d'équations équivalent aux conditions d'isotropie de la matrice jacobienne. La résolution étant partielle pour la matrice jacobienne d'un manipulateur nR sériel pour lequel $n > 4$ car dans ces cas la résolution complète est très compliquée et donne aussi des solutions appartenant à l'ensemble des nombres complexes **C**. L'utilisation de la résolution algébrique partielle a permis de prouver l'existence d'une infinité non dénombrable de configurations isotropes pour les manipulateurs 5R sphériques alors qu'il n'en existe que 32 pour les manipulateurs 4R sphériques. Concernant l'isotropie de position, pour les manipulateurs 3R planaires, il a été prouvé que le manipulateur déterminé par [2] est le seul manipulateur 3R planaire isotrope en positionnement. Il a été démontré qu'il existe une infinité de manipulateurs 4R planaires isotropes en positionnement, et une méthode pour la détermination de leur design a été indiquée. Il a été aussi prouvé que pour tout $n > 4$ il existe un manipulateur nR planaire isotrope en positionnement dont le design a aussi été indiqué, et pour chaque $n = 2p$ avec $p > 1$ il existe une infinité de manipulateurs nR planaires isotropes en positionnement.

Le chapitre 3 intitulé "Configurations isotropes des manipulateurs sphériques" traite de l'isotropie d'orientation. Il y est prouvé qu'il n'existe pas de manipulateur nR sphérique ayant un parcours isotrope continu si $n < 6$. Pour un tel manipulateur, il n'est pas possible de passer d'une configuration isotrope à une autre sans passer par une configuration non isotrope. L'existence d'une infinité non dénombrable pour les manipulateurs 5R sphériques ne suffit pas à permettre l'existence d'un parcours continu isotrope non trivial pour ces mêmes manipulateurs. Il y est aussi prouvé que chaque manipulateur 5R sphérique n'a qu'un nombre fini de configurations isotropes. Ce résultat a été obtenu autrement que par les méthodes présentées au chapitre 2 que sont la méthode d'optimisation et la méthode de résolution algébrique. La méthode utilisée est une méthode géométrique qui a permis de simplifier les calculs et d'obtenir le résultat principal du chapitre 3. Elle a permis aussi de retrouver simplement les résultats déjà obtenus par le calcul algébrique par Chablat et Angeles, et de voir que le nombre de configurations isotropes d'un manipulateur 5R sphérique dépend du design de ce dernier.

Le chapitre 4 traite aussi de l'isotropie d'orientation. Il y présente 2 manipulateurs 6R sphériques ayant une surface connexe d'isotropie. Pour le premier, cette surface est une demi-sphère, pour le second elle est la sphère entière. Ainsi, ce dernier garde dans tous ses déplacements une configuration isotrope. L'effecteur du premier manipulateur ne peut franchir dans une configuration isotrope l'équateur de la sphère qui n'est pas une frontière de son espace de travail qui est toute la sphère laquelle n'a pas de frontière. L'équateur de la sphère constitue par contre la frontière de l'espace de travail isotrope de ce manipulateur. Ainsi, il n'existe aucune contradiction par rapport à la notion de manipulabilité car la frontière de l'espace de travail isotrope n'est pas une courbe de singularités contrairement à la frontière de l'espace global de travail.

Il est intéressant de remarquer que le manipulateur 6R sphérique, qui garde constamment une configuration isotrope pour toutes les orientations se son effecteur, est composé en réalité de 2 manipulateurs 3R qui considérés séparément sont tous les deux isotropes. Le premier des 2 manipulateurs 3R doit garder sa première articulation fixe étant donné qu'elle constitue la base. Le second manipulateur 3R n'est pas astreint à cette contrainte, il peut donc varier librement par rapport au premier. Ces 2 manipulateurs 3R, composant le manipulateur 6R en question, ont et gardent tous les deux leurs trois axes de rotation constamment orthogonaux. Ils forment réunis le manipulateur 6R sphérique aux capacités d'isotropie optimales. De plus, la membrure reliant ces 2 manipulateurs sphériques 3R peut prendre n'importe quelle longueur sans que cela altère les capacités optimales d'isotopie du manipulateur 6R sphérique. Pour un manipulateur 6R sphérique, il n'est pas possible d'avoir de meilleures capacités d'isotropie que celle du manipulateur 6R sphérique présenté.

Les deux manipulateurs 6R sphériques présentés au chapitre 4 ont deux de leurs six articulations qui restent bloquées. Elles sont désignées comme étant des articulations virtuelles. Dans la pratique, elles ne sont pas nécessaires. Leur présence est théorique, elles permettent de rendre la matrice jacobienne isotrope. En effet, le manipulateur 6R dont les articulations virtuelles sont soudées, et non prises en considération, est un manipulateur 4R qui possède en réalité la même dextérité que le manipulateur 6R dont il dérive, bien que sa matrice jacobienne ne soit pas isotrope. Les résultats du chapitre 4 sont présentés dans l'article intitulé " Manipulateur 6R sphérique ayant une configuration isotrope pour toute orientation de son effecteur " exposé à la *Confrence CT-ToMM 2009, Québec, Canada*.

Le chapitre 5 traite de l'isotropie de position. Il présente un manipulateur 4R sériel qui reste constamment dans une configuration isotrope en position quand son effecteur parcourt toute la sphère. Il est constitué d'un manipulateur 3R sphérique dont les axes de rotation de ses articulations sont orthogonaux, comme pour un manipulateur 3R sphérique isotrope, et d'un manipulateur 2R planaire isotrope pour lequel on retrouve le rapport $\sqrt{2}/2$ des longueurs des membrures. Le manipulateur 4R en question possède deux articulations virtuelles qui restent constamment fixes, ce qui en fait en réalité un manipulateur 2R, car les deux articulations virtuelles servent là aussi uniquement à obtenir l'isotropie de la matrice jacobienne. Ce manipulateur possède une sphère d'isotropie et deux sphères de singularités. Sur toutes les sphères contenues dans l'intervalle, c'est-à-dire comprises entre les sphères de singularités et la sphère d'isotropie, le manipulateur 4R sériel en question garde une manipulabilité constante. Lorsque, l'effecteur en se déplace autour de la sphère d'isotropie, la manipulabilité et la dextérité du manipulateur oscillent autour de la valeur optimale. On vérifie, dans les cas étudiés, qu'il n'existe pas de singularités au voisinage de l'isotropie. Pour ce manipulateur 4R sériel isotrope en position sur la sphère, un volume de grande dextérité a été défini. Ce volume est compris entre 2 sphères entourant la sphère d'isotropie et en tout point duquel la dextérité en positionnement est supérieure à 90%.

Les parcours continus isotropes en positionnement semblent plus faciles à obtenir que les parcours continus isotropes en orientation. En effet, il suffit de 4 articulations rotoïdes pour concevoir un manipulateur isotrope en position sur un parcours continu, alors qu'il en faut au moins 6 pour en concevoir un isotrope en orientation sur un parcours continu. Ce manipulateur 4R sériel ne possède aucune configuration isotrope en orientation. Mais, il reste constamment au voisinage de l'isotropie d'orientation sans l'atteindre.

Ce travail de recherche laisse entrevoir de nombreuses perspectives de travaux futurs : la détermination en fonction du design du nombre exact de configurations isotropes d'un manipulateur 5R sériel et l'évolution de la dextérité pendant le passage d'une configuration isotrope à une autre, ce qui permettra de mieux comprendre comment le design d'un manipulateur influe sur sa dextérité. La prise en compte ou non des articulations virtuelles influe sur la dextérité et la manipulabilité. La détermination de courbes ou de surfaces d'isotropie de positionnement autres que la sphère, ce qui permettra de trouver des manipulateurs isotropes en orientation et en positionnement sur d'autres surfaces, et aidera à la détermination de méthodes de classification des designs. Une perspective d'extension de l'isotropie pourra être envisagée pour le manipulateur 4R sériel ayant la sphère comme surface d'isotropie en position en en déduisant un manipulateur 6R sériel ayant la sphère comme surface d'isotropie en même temps en orientation et en position. À travers ce dernier la notion de volume d'isotropie pourra alors éventuellement être introduite.

120

RÉFÉRENCES

[1] $www.istia.univ - angers.fr/boimond$

[2] Angeles, J., Fundamentals of Robotic Mechanical Systems : Theory, Methods and Algorithms, Third Edition, Springer, New York, 2007.

[3] $www.parallelmic.org/Terminology.html$

[4] Withney, D.E., 1972,"The Mathematics of Coordinated Control of Prosthetic Arms and Manipulators", *Journal of Dynamic Systems, Measurement and control*, Vol.1, pp. 303–309.

[5] Ranjbaran F., 1997, "A methodology for the kinematic design and performance evaluation of serial manipulators" , Thèse de doctorat, McGill University (Canada), 249 pages.

[6] Salisbury, J. K., Craig, J. J., 1982, "Articulated Hands : Force control and kinematic issue", *The international Journal of Robotics Research*, Vol.1, No.1, pp. 4–17.

[7] Strang, G., 1988, *Linear algebra and its applications*, 3ème Edition, Harcourt Brace College Publisher, New York.

[8] Angeles, J., Ranjbaran F., Patel R.V., 1992, "On the Design of the Kinematic Structure of Seven-Axes Redondant Manipulators for Maximum Conditioning", *Proc. of the 1992 IEEE Int. Conf.on Robotics and Automation*, Nice, France, pp. 494–499.

[9] Yoshikawa, T., 1985, "Manipulability of robotic mechanisms", *International journal of Robotics Research*, Vol.4, No.2, pp. 3–9.

[10] Gosselin, C., Angeles, J., 1990, "A Global Performance Index for the Kinematic Optimization of Robotic Manipulators", *Journal of Mechanical design*, Vol.113, pp. 220–226.

[11] Klein, C. A., Miklos, T. A., 1991, "Spatial Robotic Isotropy", *The International Journal of Robotics Research*, Vol.10, No.4, pp. 426–437.

[12] Klein, C. A., Blaho, B., 1987, "Dexterity measures for the design and control of kinematically redundant manipulators", *The International Journal of Robotics Research*, Vol.6, No.2, pp. 72–83.

[13] Paul, R. P., Stevenson, C.N., 1983, "Kinematics of robot wrists", *The international Journal of Robotics Research* Vol. 2, No.1, pp. 31–38.

[14] Park, F., Brockett, R.W., 1994, "Kinematic Dexterity of Robotic Mechanisms", *Int. Journal of Robotics Res.*, Vol.13, No.1, pp. 1–15.

[15] Ranjbaran, F., Angeles, J., Kecskemethy, A., 1996, "On the Kinematic Conditioning of Robotic Manipulators", *Proceedings of the 1996 IEEE, International Conference on Robotics and Automation*, Minneapolis, USA.

[16] Maton, R., Roth, B., 1997, "The effects of actuation scheme on the kinematic performance of manipulators", *Journal of Mechanical Design, Transactions of the ASME*, Vol.119, No.2, pp. 212–217, juin 1997.

[17] Stoco, L., Salcudean, S.E., Sassani, F., 1998, "Matrix Normalisation for Optimal Robot Design", *Proceedings of the 1998 IEEE, International Conference On Robotics and Automation*, Leuven, Belgique.

[18] Chablat, D., Angeles, J., 2003, "The Computation of all 4R Serial Spherical Wrists With an Isotropic Architecture", *Journal of Mechanical Design, Transactions of the ASME*, Vol. 125, No. 2, p 275–280.

[19] Mayorga, R. V., Carrera, J., Oritz, M. M., 2005, "A kinematics performance index based on the rate of change a standard isotropy condition for robot design optimization", *Robotics and Autonomous Systems*, Vol.53, No. 3-4, pp. 153–163.

[20] Kucuk, S., Bingul, Z., 2005, "Robot Workspace Optimization Based on a Novel Local and Global Performace Indices", *Proceedings of the 1996 IEEE, International Conference on Robotics and Automation*, Dubrovnik, Croatia.

[21] Mayorga, R. V., Carrera, J., 2006, "A manipulator performance index based on the Jacobian rate of change: A motion planning analysis", *IEEE International Conference on Robotics and Automation*, ICRA 2006, May 15–19.

[22] Gonzalez-Palacios, M.A., Angeles, J., Ranjbaran, F., 1993, "The Kinematic Synthesis of Serial Manipulators with a Prescribed Jacobian" , *Proc. IEEE Int. Conf. Robotics Automat.*, Atlanta, USA, Vol.1, pp. 450–455

[23] Angeles, J., Lopez-Cajun, C.S., 1993, "Kinematic isotropy and the conditionning index of serial robotic manipulators", *The International Journal of Robotics Research*, Vol.11, No.6, pp.

560–571.

[24] Angeles, J., 1992, "The Design of Isotropic Manipulator Architectures in the Presence of Redundancies", *The International Journal of Robotics Research*, Vol.11, No.3, pp. 196–201.

[25] Lee, E., Mavroidis, C., 2002, "Solving the Geometric Design Problem of Spatial 3R Robot Manipulators Using Polynomial Homotopy Continuation", *Journal of Mechanical Design*, Vol. 124, pp. 652–661.

[26] Khatami, S., Sassani, F., 2002, "Isotropic design optimisation of robotic manipulators using a genetic algorithm method" , Proceedings of *IEEE International Symposium on intelligent control*, pp. 562–567.

[27] Merlet J.P., 2006, "Jacobian, Manipulability, Condition Number, and Accuracy of Parallel Robots", *Jounal of Mechanical Design*, Vol.128, pp. 199-206.

[28] Yu, A., Bonev, I.A., Zsombor-Murray, P., 2007, "Geometric approch to the accuracy analysis of a class of 3-DOF planar parallel robots", *Mechanism and Machine Theory*, Vol.43 pp.364-375

[29] Akrout, K., Baron, L. et Wang, X., 2009, "Manipulateur seriel 6R sphérique isotrope pour toutes les orientations de son effecteur", *2009 CTToMM Symposium on Mechanisms, Machines and Mechatronics , Université Laval, Qubec, Canada, 29-30 mai*.

[30] Forsythe, G.E., Moler, C.B., 1967, "Computer solution of linear algebraic systems", Prentice-Hall, New Jersey.

[31] Forsythe, G.E., Malcolm, M. A., Moler, C.B., 1977, "Computer methods for mathematical computations", Prentice-Hall, New Jersey.

[32] Gentle, J. E., 2007, "Matrix Algebra, Theory, Computations and Applications in Statistics", Springer Science, New York.

[33] Golub, G.H., and Van Loan, C.F., 1989, Matrix computation, Second Edition, The John Hopkins University Press, Baltimore, USA.

[34] Lancaster, P., 1969, "*Theory of matrix*", Academic Press, New York, USA.

[35] Meyer C. D., 2000, "Matrix Analysis and Applied Linear Algebra", *Society for Industrial and applied Mathematics*, SIAM.

[36] Pullman N. J., 1976, "*Matrix Theory and its Applications*", Marcel Dekker Inc., New York,

USA.

[37] Leroux, P., 1983, *Algèbre linéaire, une approche matricielle*, Édition Modulo, Mont-Royal, Québec, 500 pages.

[38] Arminjon, P., Mercier, B., 1978, *Analyse numérique matricielle*, Presses de l'université de Montréal, 453 pages.

[39] Amyotte, L., 2003, *Introduction à l'algèbre linéaire et à ses applications*, Édition Renouveau pédagogique, 542 pages.

[40] Akrout, K., Baron, L. et Wang, X., 2007, "Existence d'une infinité non dénombrable de positions isotropes pour les manipulateurs 5R sphériques", *12th Worl Congress on the Theory of Machines and Mechanisms,Besançon, France, 18-21 juin 2007*.

[41] Akrout, K., Baron, L., 2007, "Existence d'un manipulateur seriel 6R sphérique pour lequel la demi-sphère ouverte est une surface isotrope continue", *2007 CTToMM Symposium on Mechanisms, Machines and Mechatronics , Agence Spatiale Canadienne, St-Hubert, Canada, 30-31 mai 2007*.

[42] Akrout, K., Baron, L. et Wang, X., 2009, "Manipulateur seriel 6R sphérique isotrope pour toutes les orientations de son effecteur", *Transactions of Canadian Society of Mechanical Engineering*, vol.44, No.4, décembre 2009.

[43] Angeles, J., 1988, "Special loci of the worskpace of spherical wrist", *Proc. First International Workshop on Advances in Robot Kinematics*, Ljubljana, Slovénie, pp. 36–45.

[44] Angeles, J., Chablat, D., 2000, "On Isotropic Sets of Points in the Plane. Application to the Design of Robot Architectures", *Journal of 7th international Symposium on Advances in Robots Kinematics*, pp.1-10.

[45] Basavaraj, U., Duffy, J., 1993, "End-Effector motion capabilities of serial manipulators", *The International Journal of Robotics Research*, Vol.12, No.2, pp. 132–145.

[46] Bulca, F., Angeles, J., Zsombor-Murray, P.J., 1999,"On the workspace determination of spherical serial and platform mechanisms", *Journal of Mechanism and Machine Theory*, Vol. 34, No. 3, pp. 497–512.

[47] Chablat, D., Angeles, J., 2002, "On the kinetostatic optimization of revolute-coupled planar

manipulators", *Journal of Mechanism and Machine Theory*, Vol. 37, No. 4, p 351–374.

[48] Farhang, K., Zargar, Y. S., 1999, "Design of Spherical 4R Mechanisms : Function Generation for the Entire Motion Cycle", *Journal of Mechanical Design*, Vol.121, pp. 521–528.

[49] Hsu, M.S., Kohli, D., 1987, "Boundary surfaces and accessibility regions for regional structures of manipulators", *Journal of Mechanism and Machine Theory*, Vol. 22, No. 3, pp. 277–289.

[50] Kohli, D., Hsu M., 1987, "The jacobian analysis of workspaces of mechanical manipulators", *Journal of Mechanism and Machine Theory*, Vol.22, No.3, pp.265–275.

[51] Kohli, D., Spanos, J., 1984, "Workspace Analysis of Mechanical Manipulators Using Polynomial Discriminants", *Design Engineering Technical conference, Cambridge, USA*.

[52] Li, Z., 1990, "Geometrical considerations of robots kinematics", *Int. Journal of Robotics and Automation*, Vol.5, No.3, pp. 139–145.

[53] Liguo H., Baron L., 2005, "Kinematic Inversion of Functionally-Redundant serial manipulators; application to Arc-Welding", *Transaction of the Canadian Society of Mechanical Engineering*, Vol. 29, No.4, pp. 679–690.

[54] Lin, C.C., Tsai, L.W., 1991, "The Workspace of three-DOF, Four-Jointed Spherical Wrist Mechanisms", *Proceedings of the 1991 IEEE, International Conference on Robotics and Automation*, Sacramento, États-Unis.

[55] Ma, O., Angeles, J., 1993, "Optimum Design of Manipulators Under Dynamic Isotropy Conditions", *Proceedings of the 1993 IEEE, International Conference on Robotics and Automation*, pp. 470–475.

[56] Mavroidis, C., Roth, B., 1992, "Structural parameters which reduce the number of manipulator configurations", *ASME Biennial Mechanisms Conference*, Vol.45, pp. 359–366.

[57] Paden, B., Sastry, S., 1988, "Optimal kinematic design of 6R manipulators", *Int. Journal. of Robotics Res.*, Vol.7, No.2, pp. 43–61.

[58] Parlett, B. N., 1998, "The Symetric Eigenvalue Problem", *Society for Industrial and Applied Mathematics*, Prentice-Hall, New Jersey.

[59] Pennock, G.R., Yang, A.T., 1985, "Application of Dual-Number Matrices to the Inverse Kinematics Problem of Robot Manipulators", *Journal of Mechanisms, Transmissions, and Au-*

tomation in Design, Vol.107, pp. 201–208.

[60] Peilin S., Goldenberg, A., 1996, "Fundamental Principles of Design of Position and Force Controller for Robot Manipulators", *Proceedings of the 1996 IEEE, International Conference on Robotics and Automation* Minneapolis, États-Unis.

[61] Raghavan, M., Roth, B., 1995, "Solving Polynomial Systems for the Kinematic Analysis and Synthesis of Mechanisms and Robot Manipulators", *Transactions of the ASME, publication in the Special 50th Anniverssary Design Issue*, Vol. 117, pp. 71–79.

[62] Saha, S. K., Angeles, J., Darcovitch, J., 1993, "The Kinematic Design of a 3-dof Isotropic Mobile Robot", *Proceedings of the IEEE International Conference on Robotics and Automation*, 2-6 May, 1993, Atlanta, GA, USA.

[63] Spanos, J., Kohli, D., 1985, "Workspace Analysis of Regional Structures of Manipulators", ASME, *Design Engineering Technical conference, Cambridge, États-Unis.*

[64] Tondu, B., 2003, "L'espace articulaire de la robotique industrielle est un espace vectoriel", *Editions scientifiques et medicales, Elsevier SAS*, C.R. Mecanique 331, pp. 357–364.

[65] Valipour, H., 2007, "An optimal post-processing module for five-axes CNC milling machines", *Mémoire de maîtrise, École Polytechnique de Montréal*, 103 pages

[66] Withney, D.E., 1987, "Historical perspective and state of the Art in Robot Force Control", *Internationsl Journal of robotics Research*, Vol.6, No 1.

[67] Abbaszadeh, Y., Mayer, J.R.R., Cloutier, G., Fortin, C., 2002, "Theory and simulation for the identification of the link geometric errors for a five-axis machine tool using a telescoping magnetic ball-bar", *International Journal of Production Research*, Vol.40, No.18, pp. 4781–4797.

[68] Song, A., Goldenberg, P., 1996, "Principles for design of position and force controllers for robots manipulators", *Robotics and autonomous systems*, Vol.21, No.3, pp. 263–277.

[69] Angeles, J., Rojas, A., 1987, "Manipulator Inverse Kinematics Via Condition-Number Minimization And Continuation", *International Journal of Robotics and Automation*, Vol.2, No 2, pp. 61–69.

[70] Adams, R. A., 2000, "Calculus of several variables", Editions Addison-Wesley, 4rd Edition.

ANNEXE I

ÉTUDE DE LA DEXTÉRITÉ DES MANIPULATEURS 6R SPHÉRIQUES ISOTROPES PRÉSENTÉS DANS LE CHAPITRE 4

Les deux manipulateurs sphériques isotropes, présentés dans les sections 4.3 et 4.4 du chapitre 4, ont tous deux leurs deuxième et cinquième articulations rotoïdes qui restent bloquées. Nous les désignerons ces deux manipulateurs respectivement par M_1 et M_2. Ils sont donc équivalents à des manipulateurs 4R sphériques obtenus à partir M_1 et M_2 dont on aurait soudé, à tous les deux, les deuxième et cinquième articulations et que nous désignerons respectivement par M_1' et M_2'. Évaluons la dextérité, la manipulabilité et l'erreur maximale de positionnement (the maximum positioning error) (EMP) des manipulateurs 6R M_1 et M_2 et comparons-les à celles des manipulateurs 4R équivalents M_1' et M_2'.

I.1   Comparaison des dextérités des manipulateurs M_1 et M_2 à celles des manipulateurs M_1' et M_2'

Le manipulateur M_1 a la demi-sphère comme surface isotrope, son conditionnement est constant et vaut 1, M_1 garde constamment une configuration isotrope $\forall(\theta, \phi) \in [0, 2\pi] \times [0, \pi]$. Sur la figure I.2 nous avons l'évolution de la dextérité de M_1', on constate que M_1' n'a aucune configuration isotrope et qu'il a même deux configurations singulières.

Le manipulateur M_2 garde constamment une configuration isotrope $\forall(\theta, \phi) \in [0, 2\pi] \times [0, \pi]$, il a une dextérité constante $\forall(\theta, \phi) \in [0, 2\pi] \times [0, \pi]$. Sur la figure I.4 nous avons l'évolution du conditionnement de M_2', on constate que M_2' n'a aucune configuration isotrope, mais garde une dextérité constante et se trouve constamment au voisinage de l'isotropie, le conditionnement de sa jacobienne est constant et vaut $\sqrt{2}$.

On constate ainsi que la dextérité, évaluée comme l'inverse du conditionnement de la jacobienne, est un indice nettement plus cohérent et plus représentatif lorsqu'il est appliqué aux manipulateurs équivalents M_2 et M'_2, plutt qu'aux manipulateurs M_1 et M'_1.

I.2   Comparaison des manipulabilités de M_1 et M_2 à celles de M'_1 et M'_2 respectivement

La manipulabilité de M_1 est égale à $2\sqrt{2}\ \forall (\theta, \phi) \in [0, 2\pi] \times [0, \pi]$ alors que celle M'_1 est variable et même nulle pour $\phi = \pi/2$ et $\phi = 3\pi/2$ comme on peut le voir sur la figure I.2 qui montre l'évolution de la manipulabilité de M'_1. Cependant, il est intéressant de constater la similitude d'évolution entre la dextérité et la manipulabilité de M'_1 qui s'annulent pour les mêmes valeurs et atteignent aussi leurs maxima pour les mêmes valeurs.

La manipulabilité de M_2 est aussi égale à $2\sqrt{2}$ pour $\forall (\theta, \phi) \in [0, 2\pi] \times [0, \pi/2]$ alors que celle de M'_2 vaut $\sqrt{2}$ pour $\forall (\theta, \phi) \in [0, 2\pi] \times [0, \pi/2]$. Contrairement à la manipulabilité de M_1 et M'_1, celle M_2 et celle de M'_2 évoluent de la même manière.

On constate aussi pour la dextérité, évaluée comme la racine du produit de la jacobienne par sa transposée est un indice nettement plus cohérent et plus représentatif lorsqu'il est appliqué aux manipulateurs équivalents M_2 et M'_2, plutôt qu'aux manipulateurs M_1 et M'_1.

I.3   Comparaison des conditionnements de disposition de M_1 et M_2 à celles de M'_1 et M'_2 respectivement

La jacobienne $\mathbf{J}$ est une matrice $m \times n$, le conditionnement de disposition (CD) défini dans [15] est donné par la formule

$$\kappa_L(\mathbf{J}) = \sqrt{\frac{tr^m(\mathbf{J}\mathbf{J}^T)}{m^m det(\mathbf{J}\mathbf{J}^T)}} \tag{I.1}$$

Le conditionnement de disposition du manipulateur M_1 est constant et vaut 1 pour $\forall(\theta, \phi) \in [0, 2\pi] \times [0, \pi]$. Sur la figure I.6 nous avons l'évolution du conditionnement de disposition de M_1', on constate que M_1' n'a aucune configuration isotrope et qu'il a même deux configurations singulières.

Le conditionnement de disposition de M_2 est aussi égale à 1 pour $\forall(\theta, \phi) \in [0, 2\pi] \times [0, \pi/2]$, celui de M_2' vaut 1.08 pour $\forall(\theta, \phi) \in [0, 2\pi] \times [0, \pi/2]$. Contrairement aux CP de M_1 et M_1', ceux M_2 et celle de M_2' évoluent de la même manière et sont très voisins l'un de l'autre comme le montrent la figure I.8.

Dans ce cas aussi on constate que le CD est un indice nettement plus cohérent et plus représentatif lorsqu'il est appliqué aux manipulateurs équivalents M_2 et M_2', plutôt qu'aux manipulateurs M_1 et M_1'. Les manipulateurs M_1 et M_2 ont la même dextérité et la même manipulabilité, ils ont par conséquent le même CD.

I.4   Comparaison des EMP de M_1 et M_2 à celles de M_1' et M_2' respectivement

L'erreur maximale de positionnement (EMP) (the maximum positioning error) présenté dans [27] pour les manipulateurs parallèles est définie comme la somme des valeurs absolues des éléments des rangées de la matrice jacobienne. Dans le cas des manipulateurs sphériques 6R la matrice jacobienne possède 3 rangées. La somme des valeurs absolues des éléments de la première rangée représente l'EMP pour la rotation autour l'axe (OX), celle de la deuxième rangée représente l'EMP pour la rotation autour l'axe (OY) et celle de la troisième représente l'EMP pour la rotation autour l'axe (OZ). Les axes (OX), (OY) et (OZ) étant les axes du repère de la base.

L'évolution des erreurs maximales de positionnement (EMP) (the maximum positioning error) pour différentes valeurs de θ pour M_1 et M_1' sont présentées dans les figures I.9, I.10 et celles pour M_2 et M_2' sont présentées dans les figures I.11, I.12.

L'EMP minimale pour la rotation autour de (OX) de M_1 est dans tous les cas environ le double de l'EMP minimale de M_1' pour la rotation autour de (OX). De plus, l'allure générale des courbes représentant l'EMP pour la rotation autour de (OX) de M_1 et M_1' est différente notamment lorsque $\theta = 0$ ou $\theta = \pi/2$.

L'EMP minimale pour la rotation autour de (OX) de M_2 est dans tous les cas environ le double de l'EMP minimale de M_2' pour la rotation autour de (OX). De plus, l'allure générale des courbes représentant l'EMP pour la rotation autour de (OX) de M_2 et M_2' est différente sauf pour $\theta = \pi/2$.

De plus, contrairement aux indices utilisés dans les sections précédentes, l'évolution de l'indice EMP dpend de l'angle θ. Les écarts entre valeurs de l'EMP autour de l'axe (OX) obtenus pour des manipulateurs équivalents sont plus nettement plus importants que ceux obtenus avec les autres indices étudiés dans cette annexe.

Les évolutions de l'EMP autour des axes (OY) et (OZ) donnent des résultats similaires à ceux l'EMP autour de l'axe (OX). On constate que pour des manipulateurs sériels, EMP est un indice moins apte à servir de mesure de la dextérité ou de la capacité d'un manipulateur à positionner ou à orienter avec précision son effecteur que le conditionnement de la jacobienne, la manipulabilité ou le CD.

Ces résultats permettent de constater que les indices utilisés pour évaluer la dextérité ou la manipulabilité ne peuvent être considérés comme des indices définitifs de quantification de la dextérité. Le conditionnement de disposition semble être un meilleur indice de mesure de la dextérité car sa valeur pour M_2' est plus voisine de 1, donc plus voisine de celle M_2, que ne l'est le conditionnement de sa jacobienne. L'étude de la valeur du CD de M_1 et M_1', M_2 et M_2' confirme que certains indices peuvent être vus comme plus appropriés que d'autres pour l'évaluation de la dextérité. En se basant sur les manipulateurs équivalents M_1 et M_1', et les manipulateurs équivalents M_2 et M_2', l'EMP est l'indice le moins approprié pour évaluer la dextérité des manipulateurs sériels.

La détermination d'un indice de dextérité qui donnerait la même valeur lorsqu'il est appliqué aux jacobiennes de M_1 et M_1' ainsi qu'à celles de M_2 et M_2', serait encore plus performant que le CD qui semble être l'indice local le plus évolué de la littérature.

L'existence de ces deux paires de manipulateurs $\{M_1, M_1'\}$ et $\{M_2, M_2'\}$ donne une base de recherche pour la détermination d'indices de dextérité locaux ou globaux qui soient égaux lorsqu'ils sont appliqués à ces deux paires de manipulateurs.

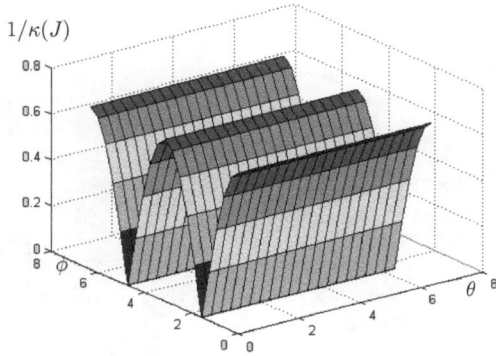

Figure I.1 Inverse du conditionnement de la jacobienne du manipulateur M'_1

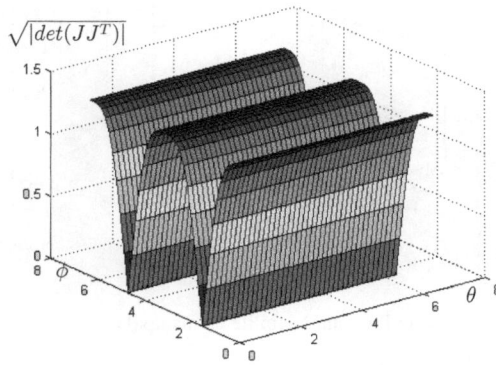

Figure I.2 Manipulabilité du manipulateur M'_1

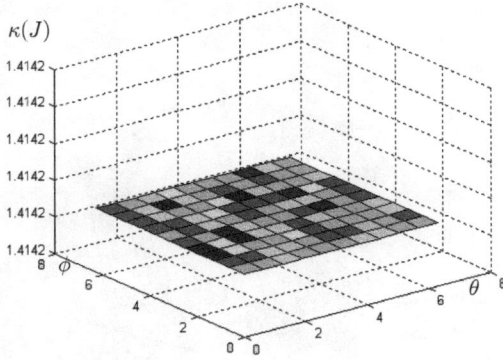

Figure I.3 Conditionnement de la jacobienne du manipulateur M_2'

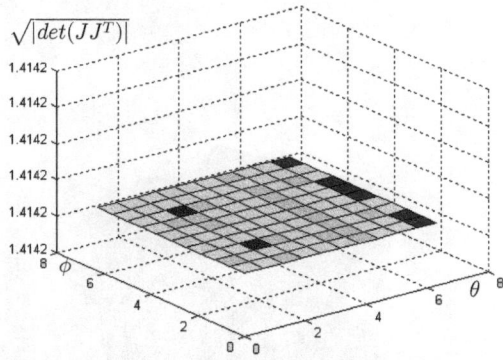

θ et ϕ sont exprimés en radian

Figure I.4 Manipulabilité du manipulateur M_2'

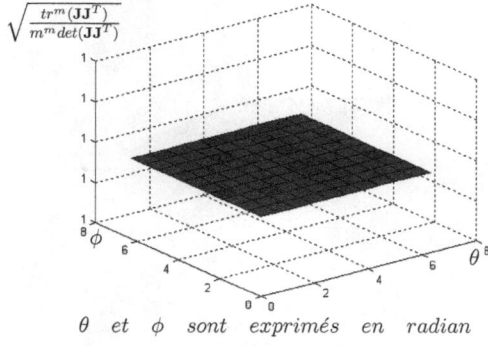

Figure I.5 Évolution du CD de la jacobienne du manipulateur M_1

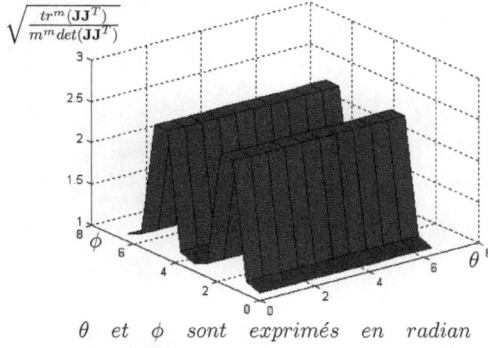

Figure I.6 Évolution du CD de la jacobienne du manipulateur M_1'

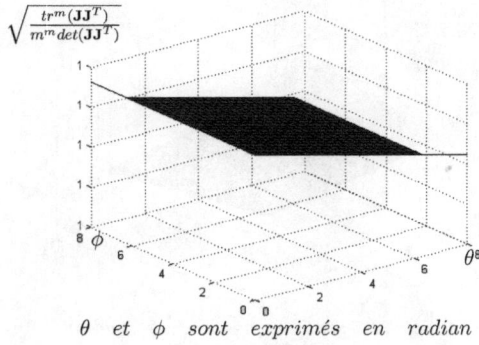

Figure I.7 Évolution du CD de la jacobienne du manipulateur M_2

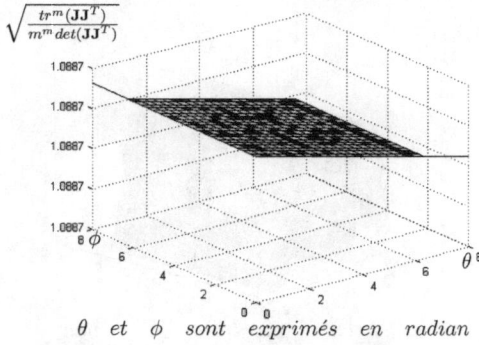

Figure I.8 Évolution du CD de la jacobienne du manipulateur M'_2

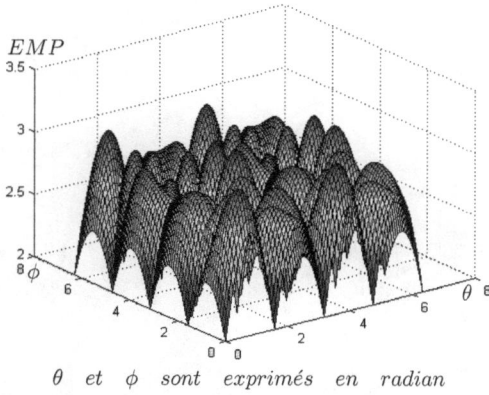

Figure I.9 Évolution de l'erreur maximale d'orientation sur l'axe OX de M_1

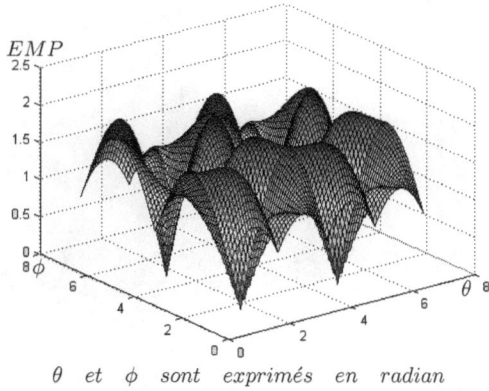

Figure I.10 Évolution de l'erreur maximale d'orientation sur l'axe OX de M_1'

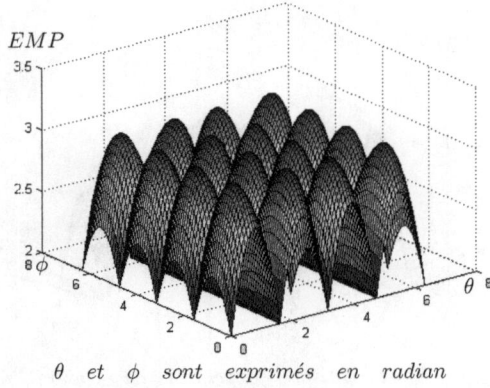

Figure I.11 Évolution de l'erreur maximale d'orientation sur l'axe OX de M_2

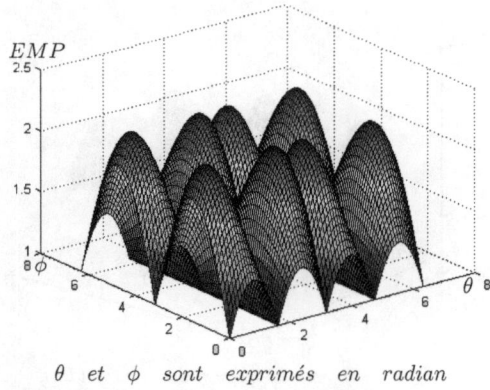

Figure I.12 Évolution de l'erreur maximale d'orientation sur l'axe OX de M_2'

www.ingramcontent.com/pod-product-compliance
Lightning Source LLC
Chambersburg PA
CBHW021059210326
41598CB00016B/1265